总译序

感悟大师无穷魅力　品味经典隽永意蕴

美国心理学家查普林与克拉威克在其名著《心理学的体系和理论》中开宗明义地写道："科学的历史是男女科学家及其思想、贡献的故事和留给后世的记录。"这句话明确地指出了推动科学发展的两大动力源头：大师与经典。

一

何谓"大师"？大师乃是"有巨大成就而为人所宗仰的学者"①。大师能够担当大师范、大导师的角色，大师总是导时代之潮流、开风气之先河、奠学科之始基、创一派之学说，大师必须具有伟大的创造、伟大的主张、伟大的思想乃至伟大的情怀。同时，作为卓越的大家，他们的成就和命运通常都与其时代相互激荡。

作为心理学大师还须具备两个特质。首先，心理学大师是"心理世界"的立法者。心理学大师之所以成为大师，在于他们对心理现象背后规律的系统思考与科学论证。诚然，人类是理性的存在，是具有思维能力的高等动物，千百年来无论是习以为常的简单生理心理现象，还是诡谲多变的复杂社会心理现象，都会引发一般大众的思考。但心理学大师与一般人不同，他们的思考关涉到心理现象

① 辞海．缩印本．上海：上海辞书出版社，2002：275.

背后深层次的、普遍性的与高度抽象的规律。这些思考成果或试图揭示出寓于自然与社会情境中的心理现象的本质内涵与发生方式；或企图诠释某一心理现象对人类自身发展与未来命运的意义和影响；抑或旨在剥离出心理现象背后的特殊运作机制，并将其有意识地推广应用到日常生活的方方面面。他们把普通人对心理现象的认识与反思进行提炼和升华，形成高度凝练且具有内在逻辑联系的思想体系。因此，他们的真知灼见和理论观点，不仅深深地影响了心理科学发展的命运，而且更是影响到人类对自身的认识。当然，心理学大师的思考又是具有独特性与创造性的。大师在面对各种复杂心理现象时，他们的脑海里肯定存在“某种东西”。他们显然不能在心智“白板”状态下去观察或发现心理现象背后蕴藏的规律。我们不得不承认，所谓的心理学规律其实就是心理学大师作为观察主体而“建构”的结果。比如，对于同一种心理现象，心理学大师们往往会做出不同的甚至截然相反的解释与论证。这绝不是纯粹认识论与方法论的分歧，而是对心灵本体论的承诺与信仰的不同，是他们所理解的心理世界本质的不同。我们在此借用康德的名言“人的理性为自然立法”，同样，心理学大师是用理性为心理世界立法。

其次，心理学大师是“在世之在”的思想家。在许多人看来，心理学大师可能是冷傲、孤僻、神秘、不合流俗、远离尘世的代名词，他们仿佛背负着真理的十字架，与现实格格不入，不食人间烟火。的确，大师们志趣不俗，能够在一定程度上超脱日常柴米油盐的束缚，远离俗世功名利禄的诱惑，在以宏伟博大的人文情怀与永不枯竭的精神力量投身于实现古希腊德尔菲神庙上“认识你自己”之伟大箴言的同时，也凸显出其不拘一格的真性情、真风骨与真人格。大凡心理学大师，其身心往往有过独特的经历和感受，使之处于一种特别的精神状态之中，由此而产生的灵感和顿悟，往往成为

西方心理学大师经典译丛
主编　郭本禹

寻找灵魂的现代人

Modern Man in Search of a Soul

[瑞士]卡尔·荣格 Carl Gustav Jung 著

方红　译

中国人民大学出版社
·北京·

其心理学理论与实践的源头活水。然而，心理学大师毕竟不是超人，也不是神人。他们无不成长于特定历史的社会与文化背景之下，生活在人群之中，并感受着平常人的喜怒哀乐，体验着人间的世态炎凉。他们中的大多数人或许就像牛顿描绘的那般："我不知道世上的人对我怎样评价。我却这样认为：我好像是在海上玩耍，时而发现了一个光滑的石子儿，时而发现一个美丽的贝壳而为之高兴的孩子。尽管如此，那真理的海洋还神秘地展现在我们面前。"因此，心理学大师虽然是一群在日常生活中特立独行的思想家，但套用哲学家海德格尔的话，他们依旧都是"活生生"的"在世之在"。

二

那么，又何谓"经典"呢？经典乃指古今中外各个知识领域中"最重要的、有指导作用的权威著作"①。经典是具有原创性和典范性的经久不衰的传世之作，是经过历史筛选出来的最有价值性、最具代表性和最富完美性的作品。经典通常经历了时间的考验，超越了时代的界限，具有永恒的魅力，其价值历久而弥新。对经典的传承，是一个民族、一种文化、一门学科长盛不衰、继往开来之根本，是其推陈出新、开拓创新之源头。只有在经典的引领下，一个民族、一种文化、一门学科才能焕发出无限活力，不断发展壮大。

心理学经典在学术性与思想性上还应具有如下三个特征。首先，从本体特征上看，心理学经典是原创性文本与独特性阐释的结合。经典通过个人独特的世界观和不可重复的创造，凸显出深厚的

---

① 辞海．缩印本．上海：上海辞书出版社，2002：852.

文化积淀和理论内涵，提出一些心理与行为的根本性问题。它们与特定历史时期鲜活的时代感以及当下意识交融在一起，富有原创性和持久的震撼力，从而形成重要的思想文化传统。同时，心理学经典是心理学大师与他们所阐释的文本之间互动的产物。其次，从存在形态上看，心理学经典具有开放性、超越性和多元性的特征。经典作为心理学大师的精神个体和学术原创世界的结晶，诉诸心理学大师主体性的发挥，是公众话语与个人言说、理性与感性、意识与无意识相结合的产物。最后，从价值定位上看，心理学经典一定是某个心理学流派、分支学科或研究取向的象征符号。诸如冯特之于实验心理学，布伦塔诺之于意动心理学，弗洛伊德之于精神分析，杜威之于机能主义，华生之于行为主义，苛勒之于格式塔心理学，马斯洛之于人本主义，桑代克之于教育心理学，乔姆斯基之于语言心理学，奥尔波特之于人格心理学，吉布森之于生态心理学，等等，他们的经典作品都远远超越了其个人意义，上升成为一个学派、分支或取向，甚至是整个心理科学的共同经典。

三

这套“西方心理学大师经典译丛”遵循如下选书原则：第一，选择每位心理学大师的原创之作；第二，选择每位心理学大师的奠基、成熟或最具代表性之作；第三，选择在心理学史上产生过重要影响的一派、一说、一家之作；第四，兼顾选择心理学大师的理论研究和应用研究之作。我们策划这套“西方心理学大师经典译丛”，旨在推动学科自身发展和促进个人成长。

1879 年，冯特在德国莱比锡大学创立了世界上第一个心理学实验室，标志着心理学成为一门独立的学科。在此后的 130 多年中，心理学得到迅速发展和广泛传播。我国心理学从西方移植而来，这种移植过程延续已达百年之久[①]，至今仍未结束。尽管我国心理学近年取得了长足发展，但一个不争的事实是，我国心理学在总体上还是西方取向的，尚未取得突破性的创新成果，还不能解决社会发展中遇到的重大问题，还未形成系统化的中国本土心理学体系。我国心理学在这个方面远没有赶上苏联心理学，苏联心理学家曾创建了不同于西方国家的心理学体系，至今仍有一定的影响。我国心理学的发展究竟何去何从？如何结合中国文化推进心理学本土化的进程？又该如何进行具体研究？当然，这些问题的解决绝非一朝一夕能够做到。但我们可以重读西方心理学大师们的经典作品，以强化我国心理学研究的理论自觉。“他山之石，可以攻玉。”大师们的经典作品都是对一个时代学科成果的系统总结，是创立思想学派或提出理论学说的扛鼎之作，我们可以从中汲取大师们的学术智慧和创新精神，做到冯友兰先生所说的，在“照着讲”的基础上“接着讲”。

心理学是研究人自身的科学，可以提供帮助人们合理调节身心的科学知识。在日常生活中，即使最坚强的人也会遇到难以解决的心理问题。用存在主义的话来说，我们每个人都存在本体论焦虑。“我是谁，我从哪里来，我将向何处去？”这一哈姆雷特式的命题无时无刻不在困扰着人们。特别是在社会飞速发展的今天，生活节奏日益加快，新的人生观与价值观不断涌现，各种压力和冲突持续而严重地撞击着人们脆弱的心灵，人们比以往任何时候都更迫切地需要心理学知识。可幸的是，心理学大师们在其经典著作中直接或间接地给出了对这些生存困境的回答。古人云：“读万卷书，行万里路。”通过对话大师与解读经典，我们可以参悟大师们的人生智慧，

① 在20世纪五六十年代，我国心理学曾一度移植苏联心理学。

激扬自己的思绪，逐步找寻到自我的人生价值。这套“西方心理学大师经典译丛”可以让我们获得两方面的心理成长：一是调适性成长，即学会如何正确看待周围世界，悦纳自己，化解情绪冲突，减轻沉重的心理负荷，实现内心世界的和谐；二是发展性成长，即能够客观认识自己的能力和特长，确立明确的生活目标，发挥主动性和创造性，快乐而有效地学习、工作和生活。

我们相信，通过阅读大师经典，广大读者能够与心理学大师进行亲密接触和直接对话，体验大师的心路历程，领会大师的创新精神，与大师的成长并肩同行！

郭本禹

2013 年 7 月 30 日

于南京师范大学

目　录

第一章　释梦的实际应用　/ 1
第二章　现代心理治疗的问题　/ 26
第三章　心理治疗的目标　/ 52
第四章　一种关于类型的心理学理论　/ 71
第五章　人生的阶段　/ 91
第六章　弗洛伊德与荣格——比较的视角　/ 110
第七章　原始人　/ 120
第八章　心理学与文学　/ 148
第九章　分析心理学的基本假设　/ 170
第十章　现代人的精神问题　/ 192
第十一章　是心理治疗师还是牧师　/ 218

第一章
释梦的实际应用

在心理治疗中，释梦的应用至今依然是一个备受争议的问题。许多从业者发现，释梦在对神经症的治疗中不可或缺。他们认为，梦中所表现出来的心理活动与意识本身具有同等的重要性。许多人则恰恰相反，他们质疑释梦的价值，认为梦只不过是心理活动的一个无足轻重的副产品。

显然，如果一个人认为，无意识在神经症的形成过程中起着主要的作用，那么，他就会认为梦具有实践意义，因为梦是无意识的直接表达。反过来，如果他不承认无意识的存在，或者认为无意识在神经症的发展过程中不发挥任何的作用，那么，他就会极力贬低释梦的重要性。今年是 1931 年，半个多世纪以前，卡勒斯（Carus）构想出了无意识的概念；一个世纪以前，康德（Kant）谈到了“不可测量的……模糊观念的领域”；差不多二百年前，莱布尼茨（Leibniz）就假定存在一种无意识的心理活动，更不用说让内（Janet）、弗卢努瓦（Flournoy）、弗洛伊德（Freud）的成就了——但尽管如此，无意识的真实性至今依然是一个广受争议的问题，真是可悲可叹。既然我打算只探讨实际治疗的问题，因此，我不会在此试图为无意识的假说做任何辩护，虽然释梦显然与这一假设直接相关。如果没有无意识假说，梦便只能算是大自然的一个奇特产物，是白天所发生之事残留下来的记忆碎片的无意义聚集罢了。倘若梦不过如此的话，那我们就没有理由展开当前的讨论了。如果我们想要探讨释梦，就必须先承认无意识的存在，因为我们不仅仅只是把梦当作心智的运作，而是把它视为一种能够将迄今为止的无意识心理内容揭示出来的方法，这些无意识心理内容与神经症的形成有因果关联，因而对神经症的治疗具有重要意义。凡是认为这一假设不可接受的人，必定完全没有考虑释梦的实用性问题。

但既然根据我们的假设，无意识是神经症的成因，而梦又是无意识心理活动的直接表达，那么，从一种科学的视角看，尝试分析和解释梦的做法就是完全合理的了。除了治疗效果外，我们还期望，这一努力将使我们能够科学地洞见心理因果关系（psychic causality）。不过，对从业者来说，科学发现充其量只是他在治疗领域所做努力的一种令人满意的副产品而已。他不觉得为了阐明心理因果关系的问题而有必要将释梦技术运用到他的患者身上。当然，他可能会认为，通过这种方法获得的洞见具有治疗的价值——在这种情况下，他会把释梦看作他的职业责任之一。众所周知，弗洛伊德学派认为，重要的治疗效果是通过阐明无意识致病因素而获得的——也就是说，通过向患者解释这些无意识致病因素，使其意识到自己问题的根源。

如果我们暂且假定这种预期与事实相符，那么，我们便可以专注于回答以下这样一些问题了：释梦是否可以让我们发现神经症的无意识原因？释梦是能够独立做到这一点，还是必须联合其他方法才能奏效？我可以假定，弗洛伊德学派的回答是一种常识。我个人的经验证实了这种观点，因为我发现，梦常常毫无偏差地揭示诱发神经症的无意识内容。通常情况下，能够做到这一点的是最初的梦——我指的是患者在治疗刚刚开始时所报告的那些梦。有一个例子或许可以帮助我们理解这一点。

有一个社会地位显赫的人曾向我咨询。他备受焦虑和不安全感的折磨，抱怨说他有时候会头晕到恶心的程度，还常常觉得头重脚轻、呼吸困难——这些描述恰恰就是高原病（mountain-sickness）的症状。他出身贫寒，父母都是贫苦的农民，但凭着雄心壮志、勤勉努力和天赋才能，他最终在事业上取得了非常大的成功。他一步一步地爬了上去，最终谋得了一个重要的职位，而这个职位又给他提供了很大的晋升空间和很多的晋升机会。他原本可以从已有的职位开始跻身于上流社会，但却突然患上了神经症。讲到这里的时候，这位患者忍不住发出了千篇一律的感叹，开头也是人人熟悉的老一套："就在这个时候，我却……"他表现出的高原病的所有症状与他所处的特殊处境高度吻合。他来咨询的时候，讲述了前一天晚上做的两个梦。

第一个梦是这样的："我再一次出现在了我出生的那个小村子。有几个以前跟我一起上学的农村小男孩在街上站着。我从他们面前走过，假装不认识他们。我听到他们当中有一个小男孩指着我说：'他不常回到我们村子里来。'"不需要任何释梦的技巧，我们便可以看出并理解这个梦暗指的是梦者卑微的出身。这个梦非常清楚地指出："你已经忘了你的出身是多么的卑微。"

第二个梦是这样的："我非常匆忙，因为我赶着要去旅行。我四处寻找我的行李，但却怎么也找不到。时间在飞逝，火车马上就要开了。最后，我总算把所有东西都找齐了。我沿着街道快速走着，突然发现落了一个装着重要文件的公文包，于是又上气不接下气地跑回家，终于找到公文包之后，又朝火车站跑去，但却几乎跑不动。我拼尽最后一点力气冲到了站台，却看到火车冒着蒸汽慢慢驶出了车站。火车很长，以一种奇怪的S形曲线向前行驶着。我突然想到，如果司机不小心，一到直道上就全速行驶的话，那么，后面还在弯道上的车厢就会由于火车行驶的速度太快而被抛出轨道之外。事实上，当我正要开口大喊时，司机便打开了节流阀。后面的车厢剧烈地晃动起来，竟然真的被抛出了轨道。这是一场可怕的灾难。我一下子就被吓醒了。”

在这里，我们也可以毫不费力地理解梦所代表的情境。它描绘了这位患者想进一步提升自己的狂热心态。由于身处火车前部的司机不假思索地往前开，他后面的车厢便开始晃动，最终翻了车——也就是说，他患上了一种神经症。显然，在当前的人生阶段，这位患者已经达到了事业的顶峰——他以卑微的出身，长期努力地往上爬，此时他已经精疲力竭了。他本应该满足于自己已取得的成就，但事实相反，他在野心的驱使之下，试图登上他力不能及的成就高度。神经症的出现是给他的一个警告。由于环境方面的一些原因，我不能对这位患者进行治疗，而且，我对其病情的看法也不能让他感到满意。结果，事情真的如梦中所预示的那样发生了。他试图充分利用诱使他产生野心的职业良机，于是就像火车非常猛烈地冲出了轨道，灾难性事件真的发生在了他的现实生活中。从这位患者口述的既往病史中我们可以推断，高原病表明他已没有能力再往上爬了。他做的梦进一步证实了这种推断，表明这种无能为力是事实。

在这里，我们看到了梦的一个特征，这是我们在讨论将释梦技术运用于神经症治疗的过程中所必须首先考虑的。梦向我们呈现了主观状态的真实画面，而有意识的心理（conscious mind）则否认这种状态的存在，或者只是非常勉强地承认它的存在。患者有意识的自我（conscious ego）无法理解为什么他不能再稳步前进了；他继续为了升迁而努力着，拒绝承认这样一个事实——他已经升迁无门了——后来的事件充分验证了这一事实。在这样的情况下，如果我们听从有意识心理的指示，那我们就会一直犹豫不决。而从患者口述的既往病史中我们可以得出相反的结论。毕竟，不想当将军的士兵不是好士兵，而许多穷人家的孩子也取得了极高的成就。为什么我的这位患者就不能这样呢？既然我的判断可能有误，那么，为什么我的推断就一定比他的更可靠呢？就在这个时候，梦出现了，它是一个不随意心理过程的表现，不受有意识观点的控制。它呈现出的通常是真实的主观状态。它既不会受到我对于事情应该是什么样子的猜测的影响，也不会受到患者观点的影响，而仅仅只是告诉我们事情的真相。因此，我就定下了这样一个规则：把梦看得和生理现象一样重要。如果尿液中检测出了糖，那么，尿液中就含有糖分，而不是蛋白质、尿胆素或我可能预期的其他某样东西。也就是说，我把梦视为诊断过程中非常宝贵的事实依据。

梦给予我们的往往比我们索求的要多，我刚刚引用的例子已经证明了这一点。梦不仅让我们洞悉了神经症的成因，而且还给我们提供了一种预后。除此之外，梦还告诉我们治疗应该从什么时候开始。上面例子中的患者必须马上停止全速前进。这正是他在梦中对自己的告诫。

让我们暂且满足于这样一个暗示，回到梦能否让我们解释神经症成因的问题上来。我上面引用的两个梦都能够解释神经症的成因。但我同样也可以列举出无数不能解释这一点的最初的梦，虽然这些梦十分浅显明了。目前，我并不打算考虑那些需要彻底分析和解释的梦。

问题在于：有一些神经症的实际起因，我们只有到了分析结束时才能发现，还有一些病例，我们即使找到了神经症的起因也无济于事。这就让我想到了上文提到过的弗洛伊德学派的观点，即出于治疗的目的，患者有必要意识到其自身障碍的诱因——这种观点只不过是旧有创伤理论的残余。当然，我并不否认许多神经症都根源于某一创伤性事件，我只是反对这样一种观点，即认为所有神经症都具有此种性质，且无一例外地根源于童年的某一关键经验。这种对问题的看法通常会导致一味追求因果关系的思维方式。医生必须把他全部的注意力都放到患者过往的经历上，他必须一直问“原因是什么”，而忽略了另一个同样重要的问题：“目的是什么。”通常情况下，这种做法对患者来说非常有害，因为他被迫要在记忆中——很可能是好几年的记忆中——搜寻一个被假设发生在童年期的事件，而一些具有即时重要性的事件则被完全忽略了。纯粹追求因果关系的思维方式过于狭隘，不能公正对待梦或神经症所具有的真正意义。如果一个人诉诸梦的唯一目的是发现神经症背后隐藏的原因，那他就有失公正了，因为他忽略了梦的大部分实际贡献。我在前面所引用的梦清楚无误地呈现了神经症的致病因素，但很显然，这些梦也提供了一种预后或对未来的预期，而且还为治疗过程提供了建议。此外，我们还必须谨记一点：有很多梦并不涉及神经症的成因，而是涉及了一些完全不同的事情——其中包括患者对医生的态度。我想通过讲述一位患者所做的三个梦来阐明这一点。这位患者先后咨询了三位不同的分析师，每次治疗开始时，她都讲述一个梦。

第一个梦是这样的：“我必须穿越国界线到另一个国家去，但没有人告诉我它在哪里，我找不到这条国界线。”从这个梦开始的治疗并没有取得成功，而且很快就终止了。

第二个梦如下所述：“我必须穿越国界线。那是一个漆黑的夜晚，我找不到海关。找了很久之后，我发现远处有一点微弱的亮光，我猜想国界线应该就在那里。但要到那儿，我必须走过一个山谷，还要穿过一片黑漆漆的森林，在森林中，我迷失了方向。这时，我发现有人跟着我。这个人突然像疯子一样扑上来抓着我，我被吓醒了。”这一次治疗也在几个星期之后中断了，原因是分析师在无意识之中对患者产生了认同，而这让患者完全迷失了方向。

第三个梦出现在这位患者被转介到我手里的时候。这个梦是这样的：“我必须穿越国界线，或者我已经越过了国界线，我发现自己在一个瑞士海关里。我只随身带了一个手提包，相信自己没有什么要申报的。但海关官员把手伸进我的手提包，拽出了两个与实物一样大小的床垫，这让我非常震惊。”这位患者在接受我的治疗期间结了婚，她并不是没有经过强烈的抵抗就走到这一步的。直到好几个月之后，她这种神经症式抵抗的原因才慢慢显露出来，但在这些梦中却找不到任何线索。这三个梦无一例外地预示了她在接受分析师治疗时将会遇到的困难。

同样类型的梦我还可以列举出很多，但这三个梦就足以说明梦具有预见性，在这种情况下，如果以一种纯粹追溯因果关系的方式来处理，那梦就必定会失去它们特定的意义。这三个梦提供了非常清晰的有关分析情境的信息，而且，就治疗的目的而言，正确地理解这些信息极为重要。第一位医生理解了这种情境，于是把她转介给了第二位医生。在第二位医生那里，患者自己从梦中得出了结论，于是决定离开。我对她的第三个梦的解释让她非常失望，但这个梦无疑是在鼓励她面对困难，继续前进，因为她报告说，她在梦中已经成功越过了国界线。

最初的梦通常都非常清晰易懂，轮廓鲜明。但随着分析工作的推进，梦很快就不再那么明晰了。如果梦被证明是个例外，即一直都很清晰，那么，我们便可以肯定，分析尚未触及人格的某个重要部分。一般说来，在治疗开始后不久，梦就会变得不再那么清晰，而是开始变得模糊起来。它会变得越来越难以解释，说实话，其更深一层的原因在于，此时医生已经无法理解整个情境了。这就是事情的真相，说梦难以理解，其实仅仅反映了医生的主观看法。如果我们理解了，就没有什么是不清楚的；只有在我们不理解的时候，事情才会看起来难以理解、令人困惑。就其本身而言，梦是清楚的——也就是说，在特定的情境之下，它们恰恰就是它们必须成为的样子。如果我们在治疗的后期或者几年之后再回头看这些“难以理解”的梦，我们经常会为自己当初的无知而感到惊讶。事实上，随着分析的深入，我们会遇到一些比最初的梦晦涩难懂得多的梦。但医生不应该遽下结论，说后来的这些梦确实是混乱的，也不应该过于匆忙地指责患者有意抗拒治疗。他最好把这种情况看作自己越来越不能理解形势的表现。精神病医生也总是喜欢说患者很“混乱”，其实，如果医生能够认出这是一种投射，并承认自己的困惑，那么他将更好地处理这种状况，因为是他自己在面对患者的奇怪举止时，理解变得混乱了。此外，就治疗的目的而言，分析师不时地承认自己缺乏理解力是一件非常重要的事情，因为对患者来说，最受不了的事莫过于总是被人理解。无论如何，患者总是在很大程度上依赖于医生的神秘洞察力，这会激起医生的职业虚荣心，其实也就是给医生设下了一个危险的陷阱。患者若只在医生的自信及其“深刻的”理解力之下寻求庇护，那他将丧失一切现实感，陷入顽固的移情之中，从而阻碍治疗的进程。

理解显然是一个主观的过程。它可能非常片面，因为有时候医生能够理解，而患者却不能够理解。在这种情况下，医生有时会觉得自己有责任说服患者，而如果患者不听劝，医生就会指责他产生了阻抗。我发现，当我单方面理解了某种状况时，明智的做法是强调我并不理解。因为相对而言，医生是否理解并不重要，患者是否理解才是一切的关键。因此，真正需要的是双方在共同反思的基础上达成共识。如果医生从某一学说的立场出发，先入为主地对患者的梦做出判断，这种判断在理论上听起来可能合理，但如果得不到患者的认可，那么，这种理解就是片面的，因而也是危险的。只要判断是这样做出的，那它实际上就是错误的，而且，这样的判断下得过早，因而会阻碍患者的康复和发展，从这个意义上说，它也是不正确的。如果我们试图把一个事实灌输给患者，那我们只能影响他的大脑；但如果我们能在患者成长的过程中，帮助他发现这个事实，那我们就能触及他的内心，这种影响就能更为深远和有力。

如果医生仅仅依靠片面的理论或先入为主的观点进行解释，那么，他若想说服患者或者收到任何治疗的效果，就只能完全依赖于暗示了。但是，大家千万不要受这种暗示的影响。暗示本身无可厚非，但却有很严重的局限性，会对患者的人格独立产生破坏性影响。人们可能认为，执业分析师应该相信拓展意识领域的意义和价值——我的意思是，让人格中原本是无意识的部分浮上意识层面，并让它们接受意识的辨识和评判。这是一项艰巨的任务，要求患者勇敢面对自己的问题，同时还会考验患者有意识的评判能力和决策能力。这项任务绝不啻于对伦理道德的挑战，它需要整个人格全副武装，严阵以待。因此，从个人发展的意义上说，分析疗法比基于暗示的治疗方法要高出一筹。分析疗法是一种神奇的魔法，它在患者不知不觉中发挥作用，不对人格做出任何伦理道德的判断。而基于暗示的治疗方法更像骗人的把戏，它们与分析疗法的原则相悖，医生应该避免使用。当然，医生只有在知道了暗示的来源时，才能避免使用暗示。即使在最好的——好得不能再好的——情况下，也不能完全避免无意识的暗示。

分析师如果想要避免有意识的暗示，那他必须把没有得到患者认可的梦的解释都视为无效，并且，他还必须不断地探索，直到找到一种能使患者认可的解释为止。我认为，这是一条必须永远坚守的规则，尤其是在处理那些因医生和患者双方都缺乏理解而显得晦涩难解的梦时，更要坚守。医生应该把每一个梦都当成一个新的起点——当成是他和患者都必须去了解的有关某些未知情形的信息源泉。当然，医生不应该基于某种特定理论而存有先入之见，他应该随时随地都准备好在每一个病例中构建出一套全新的有关梦的理论。因此，在这个领域中，医生仍有无数的机会可以从事开拓性的工作。

那种认为梦只不过是被压抑的愿望在想象中实现的观点，老早就被抛弃了。诚然，有一些梦确实体现了被压抑的愿望与恐惧，但是梦有时也无法体现的那些东西又该怎么解释呢？梦可以表达不能逃避的事实、哲理之言、幻想、狂想、记忆、计划、期望、荒唐的经验，甚至是心灵感应的幻象，天知道还有其他的什么。有一件事我们永远也不应该忘记：我们几乎有一半的生命是在或多或少的无意识状态下度过的。梦是无意识的特殊表达方式。我们可以将意识称为人类心灵的光明领域，与此相反，无意识的心理活动便是人类心灵的黑暗领域，我们视之为梦幻般的幻想。我们可以肯定，意识不仅包含愿望和恐惧，还包含很多其他的东西，而且，无意识心理所包含的内容和生命形态很可能与意识心理一样多或者甚至比其更多，因为意识是集中的、有限的、排他的。

既然如此，我们万万不可为了符合某种狭隘的学说而缩减梦的意义。我们必须记住，有不少患者会模仿医生的技术行话和理论术语，甚至在梦里也会这样做。每一种语言都会被人误用。我们很难意识到自己在多大程度上被种种滥用的观点给愚弄了，甚至于无意识似乎有办法让医生把自己勒死在自己的理论圈套里。因此，我在分析梦的时候总是会尽可能地抛开理论不谈。当然，我们不能完全抛开理论，因为我们需要用理论来使事情变得合乎情理。举例来说，正是因为有理论作为基础，我才会预期有些梦具有意义。我无法在每一个病例中都能证明梦是有意义的，因为有的梦是医生和患者都理解不了的。但我必须假定它们都是有意义的，这样才有勇气来处理它们。说梦对有意识的知识具有重要贡献，如果一个梦没有贡献，那是因为它没有得到正确的解释——这同样也是一种理论上的说法。但我必须采用这种假设，是为了让自己弄清楚：我为什么要分析这些梦？另一方面，每一个有关梦的性质、功能和结构的假设，都只是根据经验总结而来的，都必须不断改进。我们必须永远牢记，甚至一刻都不能忘记：在分析梦的时候，我们犹如走在一个变幻莫测的危险之地，在这里，一切都是不确定的。有一句话很适合作为给释梦者的警告——如果它听起来不那么自相矛盾就好了——这句话是这样说的："你想做什么就做什么，只要别试图理解就行！"

当我们开始分析一个晦涩难解的梦时，我们的首要任务并不是去理解它、解释它，而是谨慎地搞清楚它的前因后果。我要谨记于心的是不要从梦中的每一个意象出发，漫无边际地"自由联想"，而是要从某些特定意象出发，对与其有直接关联的联想进行仔细的、有意识的阐释。很多患者都必须先学会这一点，因为他们像医生一样都犯了迫切地想对梦进行理解和随意解释的错误。当患者从书上或者先前错误的分析中学会了——或者确切地说，是错误地学习到了——一些东西时，尤其会这样。他们会根据某一理论进行联想，也就是说，他们会尝试去理解和解释，结果几乎总是陷入其中不能自拔。他们像医生一样，也希望能够迅速地把梦的含义弄个一清二楚，他们误以为梦就像一个建筑物的正面，真实含义就藏在梦的背后。或许我们可以把梦比作建筑物的正面，但我们一定要记住一点：绝大多数建筑物的正面都是一目了然的，绝不会愚弄或欺骗我们，它们按照平面图建造而成，常常将其内部构造展露无遗。那张“清晰的”梦的图纸便是梦本身，它包含了“潜在的”意义。如果我在尿液中检测出了糖，那么，它就是糖，而不是潜藏着蛋白的假象。弗洛伊德所说的“梦的表象”（dream-façade）其实并不是指梦本身，而是指梦具有晦涩难懂的特性，弗洛伊德提出这种说法正好表明了他本人对梦缺乏理解。只因我们看不透梦，才会说它有一个虚假的表象。因此，我们最好这样说：我们所处理的是一篇难懂的课文，它之所以难懂，不是因为它被表象遮蔽了，而是因为我们读不懂它。我们首先要做的是去学习如何阅读它，而不是去揣摩这样一篇课文背后的意义。

正如前文所说，如果我们能弄清楚一个梦的前因后果，那我们就能成功地理解这个梦。只依靠自由联想的帮助是不能成功的，就好像我们不能用自由联想来破译赫梯人（Hittite）的碑文一样。自由联想固然能帮助我发现自己的情结，但只是为了发现情结的话，我并不需要从梦开始——我只要随便从报纸上摘取一句话，甚至找一个“禁止入内”的指示牌就可以了。如果我们从一个梦出发进行自由的联想，我们的情结将能够很好地浮现，但梦的意义就很难被我们发现了。要想发现梦的意义，我们就必须尽可能地密切关注梦的意象本身。比如，当一个人梦见了一张松木桌子，如果他由此联想到了自己那张非松木材质的书桌，就没有什么意义。这个梦明确提到的是一张松木桌子。如果此时做梦者并没有想到什么，那么，他的犹豫不决便说明这个梦中意象涉及某些特定的未知东西，这是值得我们怀疑的。我们原以为患者会从松木书桌出发产生数十种联想，但他却连一种都想不出来，那么，这其中一定具有某种意义。

在这种情况下，我们应该一次又一次地回到这个意象上来。我对我的患者说："假设我不知道'松木桌子'这个词是什么意思。请你描述一下这个物体，并告诉我它的由来，好让我知晓它是一种什么样的东西。"这样，我们便弄清楚了那个梦中意象的大致前因后果。当我们以这样的方式处理完梦中的所有意象时，就可以试着进行解释了。

每一种解释都是假设性的，因为它只不过是一种类似于阅读一篇不熟悉的课文的尝试。单独去看一个晦涩难解的梦，往往很难给出一种确切的解释，所以，我并不怎么看重对单个梦的解释。当有一系列的梦时，我们便能更有把握给出正确的解释，因为后面的梦可以纠正我们在处理前面的梦时所犯下的错误。此外，在有一系列的梦时，我们也更能够辨别出重点内容和基本主题，因此，我常常要求我的患者详细记录他们自己的梦，以及对这些梦的解释。我还教他们如何按照上述方法去处理他们自己的梦，这样一来，他们便能带给我有关梦的内容和梦之前因后果的相关素材的详细记录。在后续的分析阶段，我也会让他们自己来进行解释。如此一来，患者就学会了如何在没有医生帮助的情况下分析无意识。

如果梦告诉我们的只是神经症的致病因素，除此之外再无其他任何信息，那么，我们就可以放心地让医生独立去处理它们。此外，如果我们从梦中发现的只是一系列仅对医生有帮助的暗示和见解的话，那么，我上面所讲的这些处理梦的方法就是多此一举了。但是，正如我列举的一些例子所表明的，梦所包含的往往不只是对医生有用的内容，因此，我们应该专门探讨释梦的方法。有时候，这甚至是一个生死攸关的问题。

这一类病例有很多，其中有一个让我印象非常深刻，讲的是我在苏黎世的一位同事。他略年长于我，我经常能遇到他，每次见面，他总是会拿我对释梦的兴趣取笑我。有一天，我在街上遇到他，他朝我喊道："你最近怎么样？还在搞释梦工作吗？对了，我又做了一个愚蠢透顶的梦。难道这也有什么意义不成？"他做的是一个这样的梦："我在攀登一座高山，山坡既陡峭，又覆盖着厚厚的积雪。我爬得越来越高——天气好极了。我爬得越高，感觉就越好。我心想：'要是我能一直像这样不断往上爬该多好！'当我爬到山顶时，我感到无比的幸福和快乐，以至于我觉得可以一步登天了。接着，我发现我真的登天了。我在空中继续往上爬。后来，我在极乐的状态下醒了过来。"等他讲完这个梦，我说："我亲爱的老兄，我知道你不可能放弃登山，但我恳求你今后不要再独自一个人去登山了。你再去的时候，要带上两个向导，而且，你必须以你的人格保证你会听从他们的指导。""你真是无药可救了！"他大笑着说，然后跟我道了别。在那之后，我再也没有见过他。两个月后，第一个坏消息来了。他独自一人登山时遇到了雪崩，险些被活埋，在千钧一发之际，恰好有一名巡逻兵路过，把他给挖了出来。又过了三个月，一切都结束了。他与一位比他年轻的朋友一起登山，但没有带向导。有一位当时站在低处的登山者亲眼看到，他在攀峭壁时一脚踩空。他的朋友当时正在下面等他，他正好砸在朋友的头上，两个人一起跌落悬崖，摔得粉身碎骨。这便是"极乐"的全部含义了。

不论是多么强烈的怀疑和批判，都不曾使我把梦视为可有可无之物。虽然梦通常看起来没有什么意义，但这明显是我们缺乏感受力与智慧，读不懂心理的黑暗领域所隐藏的谜一般的信息所致。人的一生至少有一半的时间是在这个黑暗领域度过的，那里是意识的根源所在，而无论我们清醒与否，无意识都一直发挥着作用，当我们理解了这一点，就会认识到医学心理学有责任系统地研究梦，以增进我们对梦的理解。从来都没有人质疑过意识经验的重要性，那么，我们为什么要怀疑无意识事件的重要性呢？它们也是人类生活的一部分，而且不论是福是祸，它们有时甚至比白天发生的一切事情都更加真实。

梦给出了有关内心生活的秘密信息，并向做梦者揭示了其人格中的隐秘因素。只要这些内容未被发现，它们就会扰乱做梦者清醒时的生活，并以症状的形式表现出来。这就意味着，我们无法单从意识层面入手有效地治疗患者，而必须从无意识层面入手改变无意识。就我们目前所知，要做到这一点，只有一种方法：彻底地、有意识地同化无意识内容。我所说的“同化”（assimilation），指的是意识内容和无意识内容的相互渗透，而不是——像我们通常所认为的那样——由有意识的头脑对无意识内容进行单方面的评价、解释和歪曲。至于无意识内容的一般价值和意义，流行的观点是大错特错的。众所周知，弗洛伊德学派一直以一种全然贬斥的态度看待无意识，他们似乎认为原始人比野兽好不到哪儿去。他们所讲的那些关于部落里的可怕老人的童话，以及有关“婴儿期-堕落-罪恶”（infantile-perverse-criminal）的无意识的学说，导致人们把无意识当成了危险的怪物，但实际上，无意识是非常自然的东西。他们似乎认为一切美好的、合理的、美丽的、值得为之活着的事物都只能存在于意识之中！难道世界大战的恐怖还不足以让我们真正地睁开眼睛吗？难道我们还看不出人类有意识的头脑甚至比无意识更为邪恶、堕落吗？

最近有人指责我，说我关于同化无意识内容的学说一旦被人们接受，就会削弱文化的基础，抬高原始文化，从而让人们付出无比沉重的代价。这样一种指责毫无依据，只不过是一种认为无意识是个怪物的错误观念在作祟。这种观念源自一种对自然和真实生活的恐惧。弗洛伊德创造了升华（sublimation）概念，想把我们从无意识的虚构魔爪下拯救出来。但是，真实存在的东西是不能像炼金术炼的物质般被提炼升华的，如果有什么东西看起来能够被升华，那么它绝不是错误的解释所认为的那种东西。

无意识并非可怕的怪物，而是一种自然的东西，不管从道德观念、审美品位，还是从理智判断的角度来说，它都是完全中立的。只有当我们对待它的有意识的态度错得离谱时，它才会变成危险的。而且，我们越压抑它，它的危险性就越大。但是，一旦患者开始同化那些曾经属于无意识领域的内容，无意识的危险性就会逐渐减弱。随着同化过程的继续，患者人格的分裂会终止，原先导致两个心理领域互相隔离的焦虑也会逐渐消失。那些指责我的人所害怕的事情——我指的是他们害怕意识会被无意识完全掩盖——只有当无意识被压抑、被排除在生活之外或被误解和贬低的时候，才最有可能发生。

人们经常会犯一个根本性的错误：认为无意识内容非黑即白，是正面的就永远是正面，是负面的就永远是负面。在我看来，这种观点太过天真幼稚。心灵和身体一样，是一个能够自我调节的系统，能保持平衡的状态。每一个走得太远的过程都马上会不可避免地引起一种补偿性的活动。倘若没有这样的调节，正常的新陈代谢就不会存在，也就不会有正常的心理状态了。这样理解的话，我们便可以把有关补偿的观点看成是心理事件的发生规律。一方内容过少，便会导致另一方内容过多。意识与无意识之间的关系是互补的。这个轻易便可得到证实的事实，为释梦提供了一条原则。当我们着手准备解释某一个梦时，先问一个这样的问题总是很有帮助：这个梦补偿了哪些意识态度?

尽管补偿可能会表现为想象性的愿望满足，但通常情况下，它会表现为某种现实的状况，我们越想压抑它，它就越真实得惊人。我们都知道，当我们口渴时，是无法通过压抑来克服的。我们必须非常认真严肃地对待梦的内容，把它当成是真实发生在我们身上的事情，应该把它视为促成我们的意识观念形成的因素。如果不这么做，我们便会形成一种片面的意识态度，一开始就会激起无意识的补偿。这样一来，我们想要正确地评价自己，或者在生活中找到平衡的希望就会变得十分渺茫。

如果一个人试图让无意识指令来取代他的意识观念——这正是那些指责我的人眼中最可怕的事情——那么，他只有通过压抑意识观念，才能获得成功，而且，在这种情况下，意识观念会作为无意识的补偿重新出现。这样一来，无意识便会改头换面，它的立场也会发生一百八十度的转变。它会变得有些合乎情理，与原来的基调迥然不同。人们通常并不认为无意识是以这样的方式运作的，但是，上述反转却是经常发生的事情，这是无意识的基本功能。之所以说每一个梦都是信息的来源和自我调节的手段，之所以说梦是我们在建立人格的过程中最为得力的助手，原因就在于此。

无意识本身并不包含爆炸性的材料，而是由于受到了一种极为自负或胆怯的意识观念的压抑，才有可能变得具有爆炸性。因此，我们更应该重视无意识！现在，大家都应该已经非常清楚，为什么我会坚持在试图解释某个梦之前，要先问这样一个常规性的问题：这个梦补偿了哪些意识态度？可以看出，这样一来，我也就把梦带进了与意识状态的最为密切的联系之中。我甚至坚信，如果不了解意识状态，我们是不可能给出任何确定的梦的解释的。因为只有在了解意识状态的基础上，我们才能弄清楚无意识内容是正面的还是负面的。梦并不是与日常生活完全脱离的、孤立的心理事件。如果它们看起来如此，那只是因为我们缺乏对梦的理解而产生的幻觉。

事实上，意识和梦之间有严密的因果关系，它们以非常微妙的方式发生相互作用。

我想举个例子来帮助说明认识到无意识内容的真正价值有多重要。一个年轻人向我讲述了下面这样一个梦：“我父亲正驾驶着他的新车从家里出来。他开得非常笨拙，这种明显的愚蠢让我很是兴奋。他一路开得忽东忽西、忽前忽后，还老是闯进死胡同。最后，他撞上了一面墙，把车子撞得一塌糊涂。我气得暴跳如雷，朝他大声吼叫，告诉他要注意点。我父亲却只是哈哈大笑，这时我才发现他已烂醉如泥。”这是一个完全没有事实依据的梦。做梦者确信，他的父亲永远都不会做出这样的事情，即使在喝得酩酊大醉的情况下也不会。做梦者本人经常开车，他开车非常小心，饮酒也从不过量，尤其是当他要开车的时候更是如此。碰到车开得不好的人，或者造成车子轻微的损坏，都会让他大为光火。他和他父亲的关系很好。他非常敬佩的父亲是一位非常成功的人士。但是，我们不用尝试对这个梦做任何解释，便可以看出：梦中的父亲形象是很差劲的。那么，我们该怎样从这个儿子的角度去理解这个梦的意义呢？难道他和父亲的关系只是表面上很好，而这个梦实际上代表的是过度补偿的抵抗（over-compensated resistances）吗？如果是这样，我们就应该认为这个梦的内容是正面的，我们应该告诉这位年轻人：“这就是你与你父亲之间的真正关系。”但是，我从这对父子的关系中找不到任何疑点或具有神经症性质的事实，因此，我没有理由用这样一种破坏性的结论去扰乱这位年轻人的情绪。要是这样做的话，会影响治疗的效果。

但是，如果他们父子之间的关系确实非常好，那么，梦为什么要编造出一个如此离谱的故事来贬损他的父亲呢？做梦者的无意识之所以制造这样一个梦，必定事出有因。这位年轻人究竟是不是因为嫉妒或某种自卑感，才反抗他的父亲呢？在我们不厌其烦地去谴责他，从而增加他的良心负担之前——在面对易受影响的年轻人时，我们总是会过于轻率地这样做——最好暂且不去考虑他为什么会做这个梦，而是先问问自己：这个梦的目的是什么？在这个病例中，答案是：他的无意识很显然试图要贬损他的父亲。如果我们把这当成一种补偿，那我们就会被迫得出这样一个结论，即他与父亲的关系不仅很好，而且是好得过头了。这位年轻人实际上很适合一个法语的诨名——“奶嘴男”（*flis à papa*）。他的父亲仍然为他提供生活保障，在我看来，他仍旧过着一种靠人补给的生活。他之所以面临不能认识自己的风险，乃是因为“父亲”在他的生活中无处不在。因此，无意识才要制造出一种亵渎的言行：它要设法降低父亲的地位，提升儿子的身份。我们可能忍不住会说：“这是一件不道德的事情。”在此，任何一位缺乏见识的父亲都会对儿子心生警惕。但是，这样一种补偿却是完全切题的。它促使儿子将自己与父亲进行比较，而这是儿子能够发展出自我意识的唯一途径。

上面的解释显然是正确的，因为它一针见血地指出了问题所在。它自然而然赢得了那位年轻人的认可，既没有伤害他对父亲的感情，也没有破坏父亲对他的感情。但是要做出这样的解释，只有在我们根据意识所能获得的全部事实对父子关系进行研究之后，才有可能做到。如果不了解意识的状况，梦的真实意义将仍然是一个谜。

要同化梦的内容，最为重要的事情是不能破坏意识人格的实际价值。如果摧毁了意识人格，哪怕只是伤害了它，那就没有什么东西可以来完成同化任务了。我们在承认无意识的重要性时，并不是要像布尔什维克那样进行一场彻底的革命。这只会让我们才出狼穴又入虎口。我们必须确保意识人格的完好无损，因为在这场冒险中，只有有了意识人格的配合，我们才能充分利用无意识的补偿。在谈及某个内容的同化时，那绝不是一个“非此即彼”的问题，而是一个“彼此融合”的问题。

正如释梦需要对意识现状有确切的了解一样，对梦中象征的处理也要求我们考虑到做梦者的哲学观、宗教观和道德观。在实践中，一种非常明智的做法是不把梦中的象征视为具有某种固定特性的符号或症状。相反，我们应该把它们当作真正的象征来看待——也就是说，应该把它们视为某种尚未被有意识地认识到或尚未形成概念的事物的表达。除此之外，我们还必须将它们与做梦者即时的意识状态联系起来考虑。我之所以强调这种处理梦的象征的方法在实践中值得提倡，是因为从理论上说，确实存在一些相对固定的象征，它们的意义绝不涉及任何内容已知的事物或可以用概念来进行阐释的事物。如果没有这样一些相对固定的象征，我们就无法确定无意识的结构。无意识中也就没有什么我们可以用任何方式来把握或描述的内容了。

也许有些人会觉得奇怪，为什么我说那些相对固定的象征，其内容却是模糊不清的。但正是这些模糊的内容，将这类象征与纯粹的符号或症状区分了开来。众所周知，弗洛伊德学派的操作以严格的性“象征”为基础；但这些象征只不过是我所说的符号罢了，因为它们代表的是性欲（sexuality），而性欲是一种确定的东西。事实上，弗洛伊德的性欲概念是非常有弹性的，它非常模糊，以至于几乎可以包含任何事物。性欲这个词本身很常见，但它所表示的意思却相当于一个不能确定的变量 X，这个 X 所能代表的事物，下至各种腺体的生理活动，上至精神所能达到的最高极限。我们错误地以为之所以知道某样东西，是因为我们对代表该事物的那个词语非常熟悉，但这种武断的观点是不可取的，我更倾向于把象征看做某种未知事物的呈现，是很难辨认出且无法完全确定的东西。例如，所谓的阳具象征，人们通常认为它所表示的就是阳具（membrum virile），仅此而已。从心理学上来说，阳具（membrum）就是阳具——就像克兰费尔德（Kranefeldt）最近所指出的——它是一个象征性的意象，要确定其广泛的含义并不容易。就像整个古代的惯例一样，今天的原始人也常常恣意地使用阳具象征，但他们从未想过要将作为仪式象征的阳具与男性生殖器混为一谈。他们总是用阳具来指代那种创造性的超自然力量，即治愈与生育的力量，用莱曼（Lehmann）的话说，就是“具有异乎寻常的力量的东西”。在神话和梦中，与之等同的事物包括公牛、驴、石榴、女性外阴像、公羊、闪电、马蹄、舞蹈、垄沟中奇怪的共栖现象、经血，等等。潜在于所有这些意象——以及性欲本身——之下的，是人们难以理解的原型内容（archetypal content），这些内容在原始的超自然力量象征中找到了最佳的心理学表现形式。在上述每一个意象中，我们都可以看到一个相对固定的象征——超自然力量的象征——但尽管如此，我们仍不能确定它们出现在梦中时一定就没有其他的意义。

出于实践需要，我们可能得寻找其他的解释方法。诚然，如果我们非要完全依照科学的原则来释梦，那我们就必须为每一个象征都找到一个原型。但是，在实践中，这种解释梦的方法可能会铸成大错，因为患者的心理状态可能什么都需要，但就是不需要去关注梦的理论。因此，为了治疗的目的，比较明智的做法是根据意识的状态去寻找象征的意义——换句话说，就是不要把这些象征视为一成不变的东西。也就是说，我们必须摒弃一切先入之见，不管这些先入之见让我们觉得自己有多博学，我们都必须从患者本身出发去发现事物的意义。如果这样做，我们的解释显然就不会为了符合某种关于梦的理论而走得太远，事实上，我们在这一方面可能还远远没有做到。但是，如果执业医生太过拘泥于固定的象征，那么，他就有可能落入俗套和教条之中，从而有不能满足患者需要的危险。遗憾的是，这里的篇幅不允许我用更为详尽的细节来论证上面的观点，不过，我在其他地方已经发表的解说性材料，足以支持我的观点。

正如前面已经说过的，在治疗刚开始的时候，梦通常会以一种广泛的视角为医生揭示出无意识的总体发展方向。但是，实际上，在治疗的这个早期阶段，要想让患者清楚了解他的梦的深层意义，可能并不可行。治疗的要求也不允许我们这样做。一位医生若获得了这样一种深刻的洞见，那是因为他在相对固定的象征上拥有丰富的经验。这样的洞见在诊断和预后方面都很有价值。有人曾向我咨询过一个 17 岁女孩的病例。一位专家认为她得的可能是早期的进行性肌肉萎缩症（progressive atrophy of the muscles），而另一位专家则认为她患的是歇斯底里症。由于有这第二种诊断，所以我也被请了过去。她的临床报告让我怀疑她患有某种器质性疾病，但这个女孩同时也表现出了歇斯底里的特质。我问她有没有做过梦。这个患者马上就回答说："有的，我总是做可怕的梦。就在不久以前，我梦见自己晚上回到家，家中一片死寂。通往客厅的门半掩着，我看见我的母亲吊在枝形吊灯上，窗户是敞开着的，一阵寒冷的风吹进来，她被吹得晃来晃去。还有一次，我梦见夜里家中突然响起一个可怕的声音。我前去查看发生了什么事，发现有一匹受惊的马正在屋子里狂奔嘶吼。最后，它终于找到了进入大厅的门，然后便从四楼大厅的窗户纵身一跃，坠落到了街道上。我看见它血肉模糊地躺在街上，我吓坏了。"

这两个梦暗示的死亡方式足以令人深思。不过，很多人都会时不时地做一些焦虑的梦。所以，我们必须更为仔细地考察“母亲”和“马”这两个显著象征的意义。这两个形象必定是相等同的，因为它们都做了同样的事情：它们都自杀了。母亲的象征是原型性的，指的是起源地、被动创造事物的大自然，因而也指实体和物质、物质自然、下半身（子宫）以及植物神经功能。它还意味着无意识的、自然的和本能的生活，意味着生理领域，即我们所居住的或者把我们包含在其中的身体，因为“母亲”也是一个容器，一个可以携带并给予营养的中空体（子宫），因此，它也代表着意识的基础。处于某物之内或者被包含在某个东西之内，通常暗示着黑暗和夜晚——这是一种焦虑的状态。我用这些暗示的内容，呈现了母亲的概念在神话和语源学中的诸多变体；我认为，母亲也是中国哲学中阴（*yin*）这一概念的重要组成部分。所有这些都是梦的内容，但并不是这个 17 岁的女孩在个人生活中所获得的东西；相反，它们是过去历史所遗留下来的东西。一方面，语言让它们一直保持着活力；另一方面，它们也伴随着心理结构代代相承，因此，在所有时代的所有民族当中，我们都可以看到它们的存在。

显然，“母亲”这个熟悉的字眼尤其指我们最为了解的那个母亲——“我的母亲”。但是，母亲的象征所表示的却是一种晦涩模糊的含义，我们无法用概念确切地将它表达出来，只能模糊地将它理解为隐秘的、受自然约束的肉体生命。然而，即便是这样的表达也太过狭隘了，没有将很多与之相关的旁义包括进去。潜藏在这个象征之下的心理事实非常复杂，以至于我们必须拉开很远的距离才能看见它，但一旦拉开了距离，它也就变得模糊不清了。需要用象征方式来表达的，正是这一类的心理事实。

如果用我们的研究发现来分析这个女孩的梦，那么，梦的意义便是：无意识的生命正在摧毁它自己。这便是梦想要向做梦者的意识头脑，以及所有听到这个梦的人所传递的信息。

“马”是一个广泛存在于神话与民间传说中的原型。马这种动物代表的是一种非人的心灵，代表着次于人类的动物的一面，因而它也代表了无意识。正因为如此，在民间故事中，马有时候能够看到幻象、听到声音并开口说话。作为一种承重的动物，马与母亲的原型有着非常密切的关联——女武神瓦尔基里（Valkyries）把死去的英雄驮到瓦尔哈拉神殿（Valhalla），希腊人藏在特洛伊木马里面。马作为一种比人类低等的动物，代表着下半身以及从下半身萌生的动物性驱力。马是动力，是一种运输的工具，它能像本能的涌动一样将人卷走。马像所有依靠本能、缺乏高级意识的动物一样，很容易受惊。另外，马还与巫术和魔咒有关——尤其是夜间的黑马，它预示着死亡。

因此，除了一些细微的意义差别之外，“马”显然是“母亲”的等价物。母亲代表的是生命的起源，马则代表了身体的动物性生命。如果我们将此含义应用到这个梦上，那么，这个梦就是在说：动物性的生命正在毁灭自己。

我们从这两个梦中几乎可以得出相同的结论，但通常情况下，第二个梦更为具体明确一些。在这两种情况下，梦所独有的微妙性都有所体现——都没有提到做梦者个人的死亡。众所周知，我们经常会梦见自己死了，这不是什么大不了的事情。但当真正涉及死亡的问题时，梦就会换一种话语来表达。所以，这两个梦都指向了严重的，甚至是致命的器质性疾病。事实上，这一预测不久便得到了证实。

至于相对固定的象征，这个病例已经让我们对其一般性质有了相当的了解。这样的象征有很多，它们在不同案例中可能有细微的意义差别。只有通过对神话、民间传说、宗教和语言的比较研究，我们才能以科学的方式确定这些象征。人类心理所经历的各个进化阶段，在梦中比在意识中更加清晰可辨。梦用意象的语言将本能表现出来，而本能则源于自然最为原始的层次。意识太容易背离自然规律了，但是，意识能够通过同化无意识内容，重新与自然规律和谐共处。通过促进这样一个过程，我们便可以引导患者重新发现其自身存在的规律。

在如此有限的篇幅里，我无力谈及关于这个主题的基本原理之外的内容。我不能以对无意识素材进行的每一次分析为砖瓦，一砖一瓦地在你们眼前垒砌起一座以整个人格的重建为封顶的大厦。连续的同化所起到的作用，远远超过了医生所特别关注的疗效。它最终将达成一个遥远的目标（这个目标很可能就是生命的第一推动力），将整个人类拉进现实之中——也就是，实现个性化（individuation）。作为医生，我们毫无疑问是最先看到这些费解难懂的自然过程的科学观察者。通常情况下，我们只能看到这一发展过程的病理阶段，一旦患者康复，我们便看不到了。不过，只有在治疗生效后，我们才能研究正常的变化过程，而这本身就是一件历时几年乃至几十年的事情。如果我们对无意识心理的发展方向有所了解，如果我们的心理学洞见并非完全来自于病理阶段，那么，我们就应该更加清楚地了解梦所揭示的心理过程，更能清楚地认识到象征所代表的意义。在我看来，每一位医生都应该意识到这样一个事实，即一般的心理疗法，尤其是分析，都是一种闯入有目的的持续发展状态（有时候是在这个发展阶段闯入，有时候是在那个发展阶段闯入），并据此将那些看起来与此相悖的阶段挑选出来的方法。既然每一次分析本身都只能揭示深层发展过程的某一部分或某一方面，那么，非要将它们做以比较则只能导致令人绝望的混乱。因此，我宁愿只对这个主题的基本原理及其实际运用做一探讨。只有在事实发生之时真实地接触事实本身，我们才有可能达成令人满意的共识。

第二章
现代心理治疗的问题

心理治疗，或者用心理学的方法来治疗心理问题，现如今在公众眼中已与“精神分析”画上了等号。“精神分析”这一词已经为公众普遍接受，以至于每一个使用该词的人都好像已然对它的含义了如指掌，但实际上，很少有门外汉能真正领会其确切含义。

按照这一词的创造者弗洛伊德的意图，精神分析只适合用作他自己的特殊方法，即用某些被压抑的冲动来解释心理症状。这种技术是由一种特定的生活态度发展而来的，因此，精神分析的观念包含某些理论假设，其中就有弗洛伊德有关性欲的理论。精神分析的创始者本人一直以来都非常明确地强调这一界定。尽管弗洛伊德是这样说的，但门外汉们还是把精神分析的概念应用到了现代所有用科学方法探索精神世界的尝试上。因此，阿德勒学派也被贴上了“精神分析”的标签，尽管事实上阿德勒的观点和方法与弗洛伊德的截然不同。由于这些不同，阿德勒本人并不把自己的学说称为“精神分析”，而是称为“个体心理学”（individual psychology），而我则更愿意把我自己的取向称为“分析心理学”（analytical psychology）。我希望，“分析心理学”这一术语能够代表一个总的概念，既包括“精神分析”“个体心理学”，又包括这个领域中的其他成果。

既然人人都有心理世界，因而，门外汉可能会觉得只能有一种心理学，并因此认为各个学派之间的分歧要么是主观的狡辩，要么是一群泛泛之辈为了出人头地而进行的不足为奇的伪装。我轻而易举地就能列举出多种不包含在“分析心理学”这一标题之下的“心理学”（这些心理学属于其他的体系）。事实上，之所以存在许多彼此对立的方法、立场、观点和信念，主要是因为它们之间缺乏互相理解，任何一方都不肯承认另一方的合理性。在当今时代，心理学观点的多面性和多样性简直到了让人觉得惊奇的程度，而这会让门外汉感到困惑——为什么不对其进行综合的评述?

当我们在病理学教科书里看到有那么多不同的方法可以用来治疗同一种疾病时，可能会很自信地推测，这些治疗方法中没有一种是特别有效的。因此，当多种不同的心理研究方法都受到推荐时，我们同样也有可能会确信，它们当中没有哪种方法能百分之百地达成目标，尤其是那些受到狂热追捧的方法。现在到底有多少种“心理学”，谁也说不清楚。我们逐渐认识到了了解心理世界的难度，用尼采的话说，心理世界本身就是一个“让人满头是包”的问题。因此，要解开这个难以捉摸的谜题，就需要我们付出成倍的、方方面面的努力便不足为奇了，而我们在上文所谈到的各种各样的矛盾立场和观点，便是其不可避免的结果。

读者一定也会赞同这一观点，即在讨论精神分析时，我们不应该把自己局限于其狭义的定义，而应从总体上分析许多当代人在尝试解决该心理难题时所获得的经验与教训——只要是我们认可的尝试，都可以囊括在分析心理学的概念之中。

此外，为什么大家会突然对所体验到的人类心理如此感兴趣呢？这是史无前例的现象。我只是想提一下这个看上去显然没有什么关联的问题，而并不是想试图回答这个问题。事实上，这个问题并非没有关联，因为这种兴趣是诸如通神学（theosophy）、神秘主义（occultism）、占星术（astrology）等所有现代运动的起因。

当今门外汉的“精神分析”概念中所包括的一切内容，都来源于医学实践，因此，其中大部分都是属于医学心理学的内容。它带有医生诊疗室的明显印记——这一事实不仅明显地体现在其术语上，而且也体现在它的理论框架中。我们经常看到，许多医生的假设都是从自然科学借用的，尤其是生物学。这一事实在很大程度上导致了现代心理学与哲学、历史、经学等学术领域的敌对状态。现代心理学是建立在实证基础之上的，与自然的关系十分密切，而哲学、历史、经学的研究则植根于智力。自然和心理之间有着难以逾越的鸿沟，而医学和生物学的专门术语又使得这条鸿沟进一步加大了，这些术语有时确实具有实际效用，但在更多时候，它们却只是些让人绞尽脑汁仍搞不懂的东西。

考虑到现存概念的混乱，我觉得进行上面这样一段总括性评论是有必要的。接下来，我想谈一谈手头正在进行的任务，探讨一下分析心理学所取得的实际成就。由于这一术语所包含的各种研究尝试非常混杂，所以很难找到一种能将一切都包括其中的立场。因此，如果我依据这些研究尝试的目标和结果，将它们划分为不同的类型，或者更确切地说，划分为不同的阶段，那么，我在这么做的时候是有所保留的。我认为，这充其量只不过是一种暂时性的划分法，看起来可能就像一位测量员试图用三角测量法来测量一个国家的面积一样随意而武断。话虽如此，我还是斗胆将所有的研究发现以四个标题划分了开来：有的成果分为四个阶段——告解（confession）、解释（explanation）、教育（education）和转化（transformation）。接下来，我将着手讨论这四个多少有些异乎寻常的术语的含义。

所有分析疗法的开端，通常都可以追溯到它的原型——倾诉。不过，这两种实践之间并没有直接的因果关系，而是起源于一个共同的心灵根源，因此，外行的人很难一眼就看出精神分析的基础与告解这一宗教习俗之间的关系。

一个人一旦有了罪恶的观念，他就会求助于心理的掩饰——或者用分析的术语说，压抑（repression）便会产生。凡是被隐藏起来的东西都是秘密。保有秘密就像一剂精神毒药，导致秘密的保有者与集体相隔离。小剂量的毒药可能是无价的良药，甚至是个体分化必不可少的准备。即便在原始的层次上，情况也是如此，因此，人类通常会觉得有一种无法抗拒的制造秘密的需要。人们保有的秘密使得他们免于消融在纯集体生活的无意识之中，因此也免于遭受致命的心理伤害。众所周知，许多古老的神秘宗教及其秘密仪式，都是为了服务于这种分化的本能而存在的。在早期的基督教中，甚至连基督教的圣事，比如洗礼，都被看作神秘的仪式，要在密室里举行，每次提到这些仪式也只能用隐喻的说法。

尽管少数几个人分享一个秘密会带来甚多益处，但一个纯属私人的秘密却具有破坏性的影响。它就像一种负罪感，会切断这位不幸的秘密保有者与同伴之间的联系。但是，如果我们能意识到我们隐藏的是什么，那么，所造成的伤害肯定就会小于我们不知道自己在压抑什么的情况——或者甚至我们连压抑的存在都不知道的情况。在后一种情况下，我们不仅有意识地使某一内容不为人所知，而且甚至连我们自己都不知道。于是，它从意识中分离了出来，成为一个独立的情结，单独存在于无意识之中，既不能被意识心理所纠正，也不受意识心理的干扰。这样一来，这个情结就成了心理中的一个自主部分，就像经验所表明的，它会发展出一种属于它自己的独特的幻想生活（fantasy-life）。我们所说的幻想，只不过是一种自发的心理活动；每当意识心理的压抑作用稍有松懈，或者像在睡眠中那样完全停止的时候，幻想就会涌现出来。在睡眠中，这种活动通常以梦的形式出现。而且，我们即使在清醒的时候，也会在意识的阈限之下继续做着梦，尤其是当这种活动受制于一个被压抑的或无意识的情结时，更是如此。这里顺便要提一句，无意识内容绝非完全是因为意识内容受到压抑，之后又变成无意识情结的产物。恰恰相反，无意识有自己独特的内容，它们从心灵深处慢慢地上升，最终进入意识领域。因此，我们绝不应该把无意识描绘成一个只不过是收纳被意识丢弃之物的容器。

所有的心理内容（不论是从下往上升到了意识的阈限之上的心理内容，还是从意识往下稍微沉到阈限之下的心理内容），都会对我们的意识活动产生影响。既然这些内容本身是无意识的，那么，这些影响也就必然是间接的。像所有的神经症症状一样，我们的大多数口误、笔误、记忆错误，等等，都可以追溯到这些影响的干扰。它们几乎总是根源于心理的问题，一些例外的情况也只不过是因为炮弹爆炸或其他原因而造成的冲击效应。最轻微的神经症就是上面提到的那些“失误”——口误、突然忘记名字或日期、由于意料之外的笨拙而导致受伤或事故、误解他人的动机或者听到和读到的东西，以及所谓的记忆幻觉（hallucinations of memory，这种记忆幻觉会导致我们错误地认为自己曾说过或做过某件事）。如果将这些现象仔细地研究一番，就会发现存在着这样一种内容：它们以一种间接的、无意识的方式扭曲了意识的功能。

因此，一般说来，一个无意识的秘密比一个有意识的秘密更为有害。我看到过很多患者囿于生活困境，天性软弱一点的就可能会走上自杀的道路。一些患者有时候也有自杀的倾向，但由于他们天生理智，所以不会让自杀的冲动进入意识。但这种冲动却依然活跃在无意识之中，并引发各种各样的危险事故——譬如，在飞驰而来的汽车前突然晕倒或者手足无措，把升汞当成咳嗽药水吞下去，或者突然热衷于表演危险的杂技动作，等等。如果能够把自杀意象变成意识的一部分，那么，常识就可以有效地阻止自杀行为的发生，这样，患者就能识别并避免那些诱使他们走向自我毁灭的情形。

正如我们所看到的，每一个个人的秘密都会引发罪恶感或负罪感——不论这个秘密从流行的道德立场来看是否正当，都是如此。因此，隐藏的另一种形式就是"克制"（withholding）——克制的通常是情绪。和在论述秘密时的情况一样，我们在此也必须有所保留：自我约束有益于健康，能使人获益；它甚至可以说是一种美德。正因如此，我们才认为自律（self-discipline）是人类最早的道德成就之一。它在原始人的入会仪式中占有相当重要的地位，主要表现为禁欲以及忍耐疼痛和恐惧。不过，在这里，自我约束发生在秘密社团里，是一件与他人一起完成的事情。但如果自我克制只是一件私人的事情，并且很可能与任何宗教都无关，那么，它就可能像个人的秘密一样有害。我们所熟知的道德卫士的丑陋心境和暴躁易怒情绪，便是这类自我约束引发出来的。被克制的情绪通常也是我们所隐藏的东西——我们可以隐藏得甚至连自己都意识不到——男人尤其擅长这门艺术，而女人除了极少数例外，则天生无法这样对待她们的情绪。当情绪被克制时，它通常就会像无意识的秘密那样，孤立我们，扰乱我们，还会让我们心怀负罪感。如果我们拥有一个不为人知的秘密，自然（nature）就会对我们心怀恶意，同样，如果我们在同胞面前克制了自己的情绪，自然也会对我们怀恨在心。自然无疑憎恶在这个方面出现真空的状态，从长远来看，没有什么比靠克制情绪来维持人与人之间不冷不热的关系更令人无法忍受的事了。被压抑的往往是我们想要保密的情绪。但是，这些秘密通常并不能称为秘密，它们是完全可以倾吐的情绪，只是因为在某个重要时刻受到了抑制，才变成了无意识的。

有的神经症很可能是因为秘密占据了支配地位而造成的，而有的神经症则可能是由于被束缚的情绪占据了支配地位而导致。无论如何，那些从不克制其情绪的歇斯底里症患者，通常是秘密的保有者，而那些顽固性精神衰弱症（psychasthenic）患者往往会因为不能消化自己的情绪而苦恼。

怀有秘密和克制情绪都是心理上的不良行为，若有这样的行为，自然最终会让疾病降临到我们身上——也就是说，当我们私下怀有秘密或克制情绪的时候。但是，如果我们与他人一起做这些事情，那就是顺应自然的，甚至还可能被视为一种美德。自我约束只有在独立实施、只面向自己时才是有害身心健康的。这就好像是人类有不可剥夺的权利，去发现同胞身上存在的一切阴暗、残缺、愚蠢和罪恶——为了保护自己，我们当然要把这些事情当成隐私。而在自然眼中，隐瞒我们的缺陷似乎是一种罪孽——就像完全卑劣地活着一样。人类似乎有一种良心，如果一个人没有在某个时刻以某种方式不惜一切代价地停止为自己辩护，而承认自己会犯错误、也具有人性的话，便会受到良心的严厉惩罚。在他能够做到这一点之前，会有一面穿不透的墙挡在他面前，使他不能感受到自己是芸芸众生中的一员。在这里，我们发现了真正的、不落俗套的告解所具有的重大意义——古代世界的所有入会仪式和神秘宗教都包含这个意义，希腊神话中的一句话便说明了这一点："有舍才有得。"

我们完全可以把这句话当作心理治疗第一个阶段的座右铭。事实上，精神分析的开端从根本上来讲就是以科学的方法重新发现古老的真理，甚至给最早的治疗方法所取的名字宣泄（catharsis，也称 cleansing，即净化），也来自希腊的入会仪式。早期的宣泄疗法

（不论是否有催眠术的辅助），主要是让患者深入其心理世界的腹地——也就是说，进入被东方的瑜伽体系描述为冥想或静观的那种状态。与瑜伽实践中的冥想不同，精神分析的目标是观察那些影子般的表象——无论它们是以意象还是感觉的形式表现出来——这些影子般的意象从无意识心理中自发地演变而来，出现的时候对那个正在内观的人没有任何要求。这样，我们就可以重新发现那些被我们压抑或遗忘的东西。虽然这样做可能是一件痛苦的事情，但这本身就是一种收获——因为那些低劣的，甚至毫无价值的东西也是我的一部分，它们作为我的影子给我以实体和质量。如果我没有影子，我又怎么能算得上是实体呢？如果我想成为一个完整的人，我就必须同时拥有阴暗面，而且，由于我能意识到自己的阴暗面，我也就能记得，我是一个同其他人一样的人。不管怎样，将它视为自己的一部分，重新发现那些使我成为一个完整个体的东西，就会让我恢复到患神经症或情结分裂之前的状态。如果把这当成私人的事情，那我只能实现部分疗愈——因为我仍然处于一种孤立的状态。只有借助于告解，我才能投入人性的怀抱，并最终摆脱道德败坏的沉重负担。宣泄疗法的目的是实现充分的告解——不仅要在理智上承认事实，而且还要从内心肯定事实，并真正释放出被压抑的情绪。

不难想象，这样的告解对头脑简单的个体来说，会产生很大的影响，而且，其治疗效果通常也是惊人的。但我并不想说明这样一个事实，即有些患者的治愈是这一层次的心理治疗的主要成就。我想让人们注意到的是，我一直在强调告解的重要性。这一点我们所有人都深有体会。因为我们所有人都曾以某种方式被自己的秘密撕成了碎片，我们常常不是寻求通过告解在自己与他人间的鸿沟之上搭起一座桥，而是选择一条充满了欺骗和幻觉的旁门左道。不过，我这么说绝不是想宣布一条普遍的准则。那种滥俗的互相进行原罪告解的低劣趣味，很难走得太远。心理学只能确定这样的事实：我们所处理的是一件很微妙的事情。我们不能直接地或就事论事地来处理它，因为它给我们提出了一个非同寻常的尖锐的问题。对下一个阶段——解释——的讨论，能够更清楚地说明这一点。

很显然，如果宣泄疗法能够证明自己可以包治百病的话，那么，这种新的心理学就会停留在告解的阶段。最重要的一点是，宣泄疗法并非总能把患者带到离无意识足够近的地方，从而使他们能觉察到那些阴影。事实上，有许多这样的患者（其中大多数属于复杂的、意识强烈的那一类人），他们深深地扎根于意识之中，没有什么东西能够使之松动。无论什么时候，只要医生试图把他们的意识推到一边，他们就会表现出最为激烈的抵抗；他们希望与医生谈论那些他们能够完全意识到的事情——使医生能够理解他们的困难，并讨论这些困难。他们说，他们要坦白的东西已经够多了，不必再到无意识中去寻找要告解的东西。对于这样的患者，医生需要一套完备的技术来引导他们接近无意识。

正是这一事实，从一开始就严重限制了宣泄疗法的应用。接下来，我们会看到另外一个局限，关于这一局限的讨论将把我们直接引向第二个阶段——解释阶段的问题。假设在某个病例中，医生使用了宣泄疗法，所要求的告解已经发生——然后神经症消失了，或者至少是神经症的症状消失了。单从医生的角度看，这位患者现在算是治愈了，可以走了。但是，患者——尤其是女患者——却走不了。告解这一举动似乎将患者与医生绑到了一起。如果强行将这种看似毫无意义的依恋关系斩断，那么，神经症症状就会复发。

在另一些病例中，则没有形成这种依恋关系，这一点既让人觉得奇怪，也很有意义。从表面上看，患者已经被治愈，可以走了，但他现在却深深地沉迷在自己的心灵深处，以至于为了继续使用宣泄疗法而付出无法适应生活的代价。他与无意识——他自己——拴在了一起，而不是与医生拴在一起。显然，他有着与忒修斯（Theseus）同样的经历，忒修斯和他的战友庇里托俄斯（Pirithous）下到地狱，要把地狱的女神带回来。他们走到半路累了，便坐下来休息一会儿，却发现自己和石头长在了一起，站不起来了。

这些奇怪而又出人意料的事情，必须向患者解释清楚，而我之前提到的那些不适合用宣泄疗法的病例，也必须用解释的方法来处理。尽管这两类患者事实上明显有很多不同之处，但他们有一个相同点，那便是需要进行解释——正如弗洛伊德所认识到的，要对固着（fixation）问题的来源进行解释。在使用过宣泄疗法的患者身上很容易看到固着，在那些对医生产生依恋的患者身上则表现得尤为明显。在催眠治疗中也已经观察到了与之类似的不良后果，但我们还不清楚这样一种关系的内在机制。现在看来，这种有问题的联系从本质上看类似于父子之间的关系。患者开始陷入一种孩子气的依恋状态，甚至无法用理智和洞察力来保护自己。固着有时候强得惊人——强得让人怀疑是否有一股异乎寻常的力量在驱动着它。但既然移情的过程是无意识的，患者当然无法提供关于它的任何信息。现在，我们显然遇上了一种新的症状——一种由治疗直接引发的神经症形成了。于是，产生了这样的问题——应该如何来应对这个新的困难？这种状况有一种明显标志，那就是：对父亲意象的记忆及对父亲的感情都被转移到了医生身上。因为不管后者是否愿意他都扮演了父亲的角色，因而患者会陷入一种幼稚的关系位置。当然，他并不是因为这样的关系才变得幼稚；他身上一直存在一些幼稚的东西，只不过是被压抑了。现在，这种幼稚浮上了表面，而且——由于重新找到了那个失去已久的父亲——他还会试图重现童年时期的家庭环境。弗洛伊德给这种症状取了一个恰当的名字："移情"（transference）。当然，对帮助过你的医生产生一定程度的依赖，是正常且可以理解的。倘若移情异常顽固而又不接受意识的纠正，那才是不正常的、令人无法想象的。

弗洛伊德的杰出成就之一，就是解释了这种联结的性质——至少他从一个人的发展经历这个角度解释了这一点——并因此为心理学知识领域的重要进展扫清了道路。现在，人们已经确信，这种联结是由无意识的幻想导致的。这些幻想基本具有一种被我们称为"乱伦"（incestuous）的特性；这似乎恰当地解释了这样一个事实，即为什么这些幻想一直保留在无意识之中，甚至最为彻底的告解也无法使它显现出来。尽管弗洛伊德总是说起乱伦的幻想，就好像它们受到了压抑一样，但进一步的经验告诉我们，在许多病例中，它们从未进入过意识领域，或者只是以最为含糊的方式被感知到——因此，它们不可能是被有意地压抑了。最近的研究似乎表明，乱伦的幻想通常是无意识的，并一直保持无意识的状态，直到精神分析治疗将它们拖到意识的层面。我这么说并不意味着把它们从无意识中拖出来是一种我们应该避免的违背天性的行为；我只是想说，这个过程几乎像外科手术一样，是一件严肃的事情。但完全不能避免的是，分析过程会诱发不正常的移情，而唯有发掘出乱伦的幻想，我们才能处理移情。

宣泄疗法能使自我重新获得那些可以进入意识的、通常情况下属于意识层面的内容，而处理移情的过程则让人们意识到了那些因为其性质而几乎无法进入意识层面的内容。这便是告解阶段与解释阶段的主要区别。

我们在上面已经讨论了两类案例：一类是不适合使用宣泄疗法的患者，另一类是能用宣泄疗法治愈的患者。此外，我们刚刚还讨论了那些以移情形式表现出固着问题的患者。除了这些患者之外，我们还提到了那些没有对医生产生依恋，而是对他们自己的无意识产生了依恋的患者，他们深陷在无意识之中，就像被一张网缠住了一样。在这些案例中，父母的意象没有转移到某个人类客体身上。它被看成是一种幻想，但有着与移情一样的吸引力，并产生同样的依恋。

那些不肯毫无保留地接受宣泄疗法治疗的患者，可以用弗洛伊德学派的研究来解释。我们可以看到，甚至在未就医之前，患者就已经把自己与父母相等同了，并从这种等同中获得了权威力量、独立性和批判力，从而能够成功地抵抗治疗。这些患者主要是一些有教养、有个性的人。在其他人成为无意识里父母意象的无助受害者时，这些人却能够在无意识中将自己与父母相等同，并从中汲取力量。

在移情问题上，我们只靠告解的帮助是不能取得什么进展的。正是这一点促使弗洛伊德对布洛伊尔（Breuer）最初的宣泄技术进行了根本性的革新，使之成为他本人所称的“解释方法”（interpretative method）。这一步很有必要，因为移情所产生的关系尤其需要解释。门外汉几乎不能理解这一点的重要性；但一位猛然被带入这张不可理解又充满奇想的观念网之中的医生，通常会觉得这一点再清楚不过了。他必须向患者解释移情——也就是说，向患者解释他投射到医生身上的是什么。因为患者本人并不知道投射的是什么，因此，医生只好对从患者身上所能获得的幻想碎片进行分析解释。而能提供这种重要材料的，首先就是我们的梦。弗洛伊德在研究那些与我们的意识立场不相容，从而受到压抑的欲望时，通过梦来探索这些欲望，并在这一过程中发现了我在前面曾提到过的乱伦的内容。当然，这些并不是此次研究所揭示出来的唯一材料；弗洛伊德还发现了人性所能做到的一切肮脏的事情——而众所周知，要想给这些事情列一个粗略的清单，怕是也要穷尽毕生之力吧。

弗洛伊德学派解释方法的最终产物，是对人的阴暗面进行一种前所未有的详尽阐释。它是人们所能想象出的用来对付所有对人性之理想主义幻觉的最有效的方法；因此，弗洛伊德及其学派受到了各方面的激烈反对，也就不足为奇了。对于那些根据自己的原则坚定不移地相信幻觉的人，我们无话可说；但我坚信，在反对解释方法的人当中，有相当一部分对人的阴暗面不抱幻想，同时反对只从阴暗面出发去片面描画人类的做法。毕竟，本质的问题并不在于阴影，而在于投下阴影的身体。

弗洛伊德的解释方法依赖的是那些不断地带领来访者向后回溯、向下深究的“还原性”（reductive）解释，但如果过度、片面地运用它们，就会起到破坏作用。尽管如此，但心理学还是从弗洛伊德的开拓性工作中获益匪浅；它已经知道，人性也有黑暗的一面，而且不仅人有此面，人类的作品、制度、习俗亦是如此，就连我们最为纯洁、最为神圣的信仰，也可以追溯到最为粗鄙的根源。这种看待事物的方式也有其合理性，因为一切生物体的开始都是简单而又低下的，正如我们建造大厦都从打地基开始。凡是有点思想的人都不会否认，所罗门·雷纳克（Salomon Reinach）用原始图腾的术语来解释《最后的晚餐》这幅画的方法确有其深刻的意义；而且，他们也不会对希腊神话所包含的乱伦主题提出异议。要从阴暗的一面去解释光亮的事物，并因此在某种程度上把它们还原为某种起源于迂腐污秽的东西，是一件很痛苦的事情——这一点毋庸置疑。但在我看来，如果说从阴暗面去解释事物会产生某种破坏性影响的话，那这便是人类美中不足的地方，同时也是人类身上的一个弱点。我们之所以对弗洛伊德学派的解释感到恐惧，完全是由我们自己身上所具有的野蛮性或孩子气所致，这种野蛮性或孩子气会使我们相信，具有高度的事物不一定有相应的深度，并导致我们对真正的“终极”真理视而不见，此种情况若达极端，则必然走向反面。我们的错误在于，我们以为光亮的事物一旦从阴暗面去解释，就不复存在了。这是一个让人甚觉遗憾的错误，就连弗洛伊德本人也未能幸免。其实，阴暗是光亮的一部分，就像有善必有恶，有恶必有善一样。因此，虽然揭露西方人的幻觉和狭隘会让人们感到震惊，但我并不为之感到遗憾；相反，我非常乐意接受这种揭露，并赋予它几乎不可估量的意义。正如我们从历史中经常看到的，这种揭露就像是钟摆从一极摆向另一极，以使事物重新归位。它迫使我们接受当今哲学的相对论，如爱因斯坦所阐述的数学物理相对论。这种哲学的相对论从根本上说是远东的一条真理，我们至今还无法预见它将会产生怎样的终极影响。

对我们的行为影响最小的，莫过于理智观念了。但如果一个观念是对心理体验的表达，并在地理上相距甚远、历史上缺乏联系的东方和西方都取得了成果时，那我们就得仔细地研究一番了。因为这些观念代表的通常是超越了逻辑公正和道德制裁的力量，这些力量始终比人和人的大脑更为强大。人们相信，是他们自己塑造了这些观念，但实际上是这些观念塑造了人，并使人在不知不觉中成了它们的代言人。

现在且让我们再次回到固着问题，我想先谈一谈解释过程的效果。当患者的移情被追溯至其阴暗的起源时，他就会意识到，他与医生之间的关系是不合理的；他不可避免地会看出自己的要求是多么的不合时宜和幼稚。即使他曾因为权威感而把自己看得很高，现在也会从较高的位置换到一个更加恰当的位置上，并接受不安全感，这或许可以证明是非常有益于健康的。如果他不放弃对医生的幼稚要求，那现在他就能认识到一个不可避免的真理，即对别人提要求是一种幼稚的自我放纵，必须用他更强的自我责任感来取而代之。具有洞察力的人通常能够自己做出道德判断。认识到自己的缺陷后，他就会把这种认识当成一种保护的手段；他将投入到生存的斗争之中，在不断进行的工作和经历当中，消耗掉那些使他顽固地执着于童年乐园的力量，或者起码让他消耗掉对童年乐园恋恋不舍的力量。对自身缺点保持一种正常的适应和容忍，将成为个人道德上的指导原则，他会努力让自己从多愁善感和幻想中解脱出来。这不可避免会导致这样一个结果，即他将逐渐背离无意识，就像背离弱点和诱惑的根源一样——而弱点和诱惑的根源正是道德败坏和社会失败的所在。

现在，患者所面临的问题是如何被教育成为一个社会人，至此，我们便进入了第三个阶段。在道德方面很敏感的人通常拥有足够的动力使自己前进，他们只要洞悉自己便足矣；但对那些对于道德价值几乎没有什么想象力的人而言，只洞悉自己是不够的。如果没有外在的必要刺激，则自我认识（self-knowledge）对他们来说是不够的，即使他们对分析师的解释深信不疑，也不够——更不用说那些只是被分析师的解释触动却始终对之将信将疑的人了。后一种人是在心理上受过训练的人，他们掌握了“还原性”解释的真理，但却仅仅因为它会破坏他们的希望和理想而无法接受它。在这类病例中，单有洞察力也是不够的。解释方法有一个缺点：只有对那些敏感的人，即那些可以通过对自己的理解独立地做出道德判断的人，解释法才能奏效。诚然，我们用解释法可以比仅用没有解释的告解走得更远，因为它至少可以训练头脑，并因此唤醒那些有可能进行有益干预的沉睡力量。但事实上，在许多病例中，最为彻底的解释虽然能使患者变得聪明，但他却仍是一个没有能力的孩子。

弗洛伊德学派根据快乐（pleasure）及其满足进行解释的问题在于，这是片面的，因此也是不充分的，尤其是用它来解释发展的后期阶段时更是如此。这个观点并不适用于每一个人；因为即使每个人都有这样的一面，它也并非总是最为重要的。例如，一位饥饿的艺术家选择了面包，而不是一幅美丽的油画，一个堕入情网的男人宁可选择美人，而抛弃了他的公共事业；但对艺术家来说，油画可能是最为重要的，而对于男人而言，公共事业则可能最为重要。一般来说，与适应性较差、具有社交缺陷从而非常渴望获得权力和重要性的人相比，那些容易适应社会并获得社会地位的人更适合用快乐原则来解释。一个继承了父亲的事业并获得了支配性地位的哥哥，可能会被自己的欲望所折磨；而一个因父兄的存在而倍感压抑并蒙上了阴影的弟弟，则可能会被雄心壮志或对获得尊重的渴望所驱使，他甚至可能会完全屈从于这种激情，以至于对他而言，其他一切都不重要了。

现在，我们已经认识到，弗洛伊德对事物的解释是不充分的，正是在这一点上，他从前的学生阿德勒（Adler）挺身而出，填补了这个漏洞。阿德勒以令人信服的证据表明，与使用快乐原则相比，有许多神经症病例用权力欲望可以得到更为令人满意的解释。因此，其解释的目的是想向患者说明，是患者“安排”（arrange）了他自己的症状，他想利用神经症来获得一种虚构的重要感；甚至连他的移情及其他的固着也都服务于他的权力意志，并因而代表了一种“男性的反抗”（masculine protest），以用来对抗幻想中的臣服。阿德勒显然关注到了那些受到压迫且在社会上没有获得成功的人，他们总是有一种想要获得自信（self-assertion）的激情。这些人之所以患上神经症，是因为他们总是想象自己受到了压迫，所以总是像堂吉诃德一样跟想象中的风车恶斗，故而无法实现自己最渴望的目标。

从本质上讲，阿德勒的方法开始于第二个阶段；他从上述意义上对症状进行了解释，并在这个意义上诉诸患者的理解力。但阿德勒有一个特点，那就是：他并没有对患者的理解力抱有太多期望，而是往前推进了一步，清楚地认识到了社会教育的必要性。弗洛伊德是一位研究者和解释者，而阿德勒却主要是一个教育者。为了不让患者停留在一种孩子气的状态（尽管拥有有价值的理解力，但却还是处于无助的状态），并尝试各种教育手段以使患者成为一个能适应社会的正常人，阿德勒修改了弗洛伊德的程序。他之所以做这些，显然是因为他确信适应社会和正常化是不可或缺的——它们甚至是人类最想实现的目标、最为合适的成就。阿德勒学派之所以具有如此广泛的社会影响力，正是因为他持有这样一种观点——同时也因为这一观点对无意识的忽略，有时候甚至是完全否定无意识。这很可能是钟摆的一次摆动——这是对弗洛伊德大肆强调无意识的一种必然反应，它与我们在那些奋力追求适应和健康的患者身上所发现的自然憎恶（natural aversion）相对应。因为如果我们仅仅把无意识当作一个装满了人性中的一切邪恶阴暗，甚至是原始污秽的容器，那我们当然就不明白：为什么我们还要在这个曾让我们失足陷入的沼泽边逗留？研究者可能在这个沼泽中看到了一个充满惊奇的世界，但对普通人来说，它是某种他宁可退避三舍的东西。就像早期的佛教不认可任何神明，是因为它必须让自己从来自近 200 万尊神明的遗产的重压下解放出来一样，心理学若想获得进一步的发展，也必须放弃像弗洛伊德那样对无意识持一种从根本上加以否定的态度。

意在教育的阿德勒学派正是从弗洛伊德停下来的地方开始起步的，因而得以帮助那些已学会正视自己内心的患者过上正常的生活。对患者来说，只知道自己是怎样得病的、为什么会得病，显然是不够的，因为理解疾病的原因对于治愈该疾病几乎没有任何帮助。我们必须牢记一点：神经症所走的歪曲道路会造成很多顽固的恶习；而且我们也不应该忘记，不论对它们的理解有多深，如果没有新的习惯取而代之，它们是不会自动消失的。但是，习惯只有通过训练才能形成，而恰当的教育是达到这个目的的唯一手段。因此，从某种程度上可以说，必须督促患者走上其他的道路，而这常常需要一种教育的意志。因此，我们很容易理解，为什么阿德勒的取向主要赢得了牧师和教师的青睐，而弗洛伊德学派的支持者则主要是医生和知识分子，要知道这些医生和知识分子个个都是拙劣的护理员和教育者。

我们心理发展的每一个阶段都有其特定的终极目标。当我们在经过大量告解从而体验到了宣泄时，我们会觉得自己已经达成了最终的目标：一切都已水落石出，都已经一清二楚了，所有焦虑的事情都过去了，所有的泪水也已流尽；现在一切都已走上了正轨。在解释工作完成以后，我们同样也确信自己已经知道神经症是怎样产生的了。最早的记忆已被挖出，最深层的原因也被挖掘了出来；移情不是别的，而只不过是实现关于童年乐园或退回到旧日家庭情境等愿望的幻想；一条通向正常、觉醒的生活的道路此刻就在脚下。但紧接而来的是教育的阶段，它使我们认识到，无论多少的告解和解释都不能使弯曲的树变直，而是必须由园丁在棚架上施展技艺，将其矫正后，它才能获得正常的适应能力。

伴随每一个发展阶段的奇怪终结感解释了这样一个事实，即今天有许多使用宣泄疗法的人显然从来没有听说过释梦技术；弗洛伊德学派的人对阿德勒的观点一无所知，而阿德勒学派的人也不愿听到有人提及无意识。每一个人都被其所处的特定发展阶段的终结感给欺骗了，这导致各种意见和观点变得十分混乱，从而使我们很难找到自己的方向。

但是，是什么导致了这种给各个方面都带来了偏执和固执的终结感呢？我只能依据下面这个理由来这样回答自己，即每一个发展阶段都可以用一条基本真理来概括，因此，常常有一些病例一再出现，以一种惊人的方式论证着这个真理。我们这个世界充斥着太多的谬误，以至于一条真理都被视为无价之宝，谁也不想因为少数几个与之不符的例外，就让真理溜走。不论是谁，只要怀疑这种真理，就无疑会被当成信仰缺失的堕落者，而且还会在各方的讨论中被当成不容异说的狂热分子。

我们每一个人都能高举着知识的火炬前行，但却都只能举一段路，直到下一个人从他手里接过它。如果我们能客观地接受这一事实——如果我们能知晓，事实上，我们并非亲自创造了真理，而只是真理的诠释者，只不过是用语言清晰表述了我们这个时代的心理需求罢了——那么，大部分的龃龉与痛苦就可以避免，而且，我们应该还能够看到人类心灵所具有的深刻性和超越个体的连续性。

通常情况下，我们很少会考虑到这样一个事实，即那些将宣泄疗法当作治疗方式的医生不只代表了一种只能自动产生宣泄的抽象观念，他们也是人。诚然，他们的思维可能只局限于自己的特定领域，但他们的行为所产生的却是对一个完整个体的影响。尽管他们没有明确意识到这一点，也没有给它命名，但还是在不知不觉中做了很多解释和教育的工作；同样，其他分析师也用宣泄疗法做了很多工作，只是未将它们归纳成一套系统的原理而已。

到目前为止，我们所论述的分析心理学三个阶段，从其性质上看绝不意味着第三个阶段可以代替第一或第二个阶段。这三个阶段同时存在，是同一个问题的几个突出的方面；就像告解和宽恕不能证明彼此有误一样，它们也不能证明其他方是错误的。第四个阶段——转化（transformation）阶段也是如此：我们绝不能声称它是一种终极的、唯一有效的真理。它的作用是弥补前三个阶段的不足之处；它是用来满足额外的、仍未被满足的需要的。

为了弄清楚第四个阶段的内容，并阐释“转化”这个有些奇怪的术语的含义，我们必须先考虑那些在其他三个阶段未占得一席之位的人的心理需求。换句话说，我们必须弄清楚，除了成为一个正常的、能够适应社会的人之外，还有什么是人更想得到或者能使人发展得更好的。做一个正常人是最为有用、最适当不过的了；但是，“正常人”这一特定观念暗示着一种限制，即只能成为一个普通人——就像适应这个概念也意味着只能成为一个普通人的限制一样。就目前的情况来看，一个人只有当他觉得与日常世界格格不入的时候，才会把这种限制当成一种令人向往的改善：例如，当他由于患上神经症而不能适应正常生活的时候。对于不成功的人士，以及那些不能适应社会的人来说，做个“正常人”是一种极好的理想。但是，那些能力远远超出平均水平的人，以及那些轻易就能获得成功并完成其分内之事的人——对他们来说，正常的生活就像是普罗克鲁斯特斯（Procrustes）之床，无聊得让人难以忍受，仿佛地狱一般贫瘠而无望。因此，很多人会因为自己只能过上正常的生活而患上神经症，正如很多人因为没法过上正常的生活而患上神经症一样。对前者来说，只要一想到你想通过教育使他过上正常的生活，他就会觉得是一个梦魇；他们内心深处最渴望的其实是过上一种“不正常”的生活。

一个人只能从他尚未拥有的事物中寻找满意感和成就感；他无法从已经拥有太多的事物中发现快乐。如果一个人轻而易举地便能适应社会，那么，这对他就没有任何的吸引力。如果一个人总是能把事情做对，那么，总是做对事情会让他觉得乏味，而那些总是把事情做得一塌糊涂的人却在偷偷地憧憬着什么时候也能做对一次。

对每一个人来说，需要和必需品都是各不相同的。人之美酒，我之毒药——正常和适应便是一例。尽管生物学声称，人是一种群居动物，只有当他作为一个社会存在而生活时才是健康的，但我们观察到的第一个案例却似乎颠覆了这一论断，它似乎还证明了一点：只有过上不正常、与世隔绝的生活的人才是健康的。令人感到非常遗憾的是，实用心理学无法提供普遍有效的方法与标准。它所能提供的只有一些个案，而且，这些患者的需要和需求各不相同——其差异如此之大，以至于我们无法预见某个特定案例可能会往哪个方向发展。因此，对医生来说，放弃所有不成熟的预设，是明智的选择。这并不是说医生应该抛弃一切预设，而是说他在任何案例中都应该只把它们当成假设性的。

然而，医生的职责不仅仅是教育或说服患者，医生还必须向患者说明他为了这一特定案例做了哪些事情。由于我们自身有可能会歪曲事实，因此，即使是在客观、专业的治疗框架内，医生和患者之间的关系也仍然是个性化的。无论用什么方式，我们都不能否认治疗是相互影响的结果，而且在这个相互影响的过程中，作为完整个体的患者和医生都发挥了自己的作用。这样，治疗就有了两个首要因素——也就是两个人，而且，这两个人当中没有哪个总是比另一个更为重要。他们的意识领域边界清新，但他们都还有一个不确定的、无边无际的无意识领域。因此，同医生的所思所言相比，医生和患者的人格往往对治疗结果有更大的影响——尽管我们也不该低估医生的所思所言所具有的干扰作用或治愈作用。两种人格的相遇就像两种化学物质的接触：如果发生任何反应的话，两者就都会被转化。在每一种有效的心理治疗中，我们都预期医生会对患者产生影响；但这种影响发生的前提是医生也必须受到患者的影响。如果你自己不被影响，那么你就无法施加影响。如果医生想避开患者的影响，躲在父亲般的专业权威的烟幕后面，那么，治疗便不会起效。如果医生这样的话，那他只不过是不允许自己使用一种非常重要的信息器官，而且即便如此，患者也依然会在无意识层面对他产生影响。许多心理治疗师都非常清楚，患者会给医生带来无意识的改变；这是这一职业所特有的困扰，甚至是一种伤害，它用一种令人震惊的方式证明了患者所带来的与“化学反应”差不多的影响。其中，最广为人知的是移情（transference）所引发的反移情（counter-transference）。但是，通常情况下，这种影响要比“化学反应”更为微妙，其性质就如同古老观念中的驱魔一样。驱魔的意思是，患者可以把他的疾病转移到另一个有力量降服病魔的健康人身上——但却无法避免对治愈者的健康造成一定的负面影响。

在医生与患者的关系中，我们发现了一些使双方发生相互转化的难以判断的因素。在这种相互转化的过程中，人格更为稳定、更为强大的一方将决定最终的结果。但我也看到过，在很多病例中，患者被证明比医生更为强大，他完全无视一切理论和医生的意图；这种状况一旦发生，往往对医生不利，尽管有时候也有例外。相互影响的事实，以及随之而来的一切，是转化阶段的基础。要认清这些现象，需要25年以上广泛的实践经验。弗洛伊德本人也承认这些现象的重要性，因此，他也赞成我提出的应该对分析师本人进行分析的要求。

但这个要求的更为广泛的意义是什么呢？它意味着，医生和患者一样，“都要接受分析”。在心理治疗的过程中，他与患者是同样重要的组成部分，也同等地受到转化作用的影响。事实上，倘若医生或多或少地回避这种影响的话，那么，他对患者的影响也会相应地减弱；而如果医生只是在无意识中受到了影响，那么，他就会表现出一种意识上的缺陷，从而使他不能正确地看待患者。在这两种情况下，治疗的效果都会大打折扣。

因此，医生希望患者能够面对什么任务，他也必须要求自己去面对那项任务。如果患者面对的是一个适应社会的问题，那医生本人也必须先适应社会——或者，情况相反，如果患者面对的是一个不能恰当适应社会的问题，那么医生也要变得不适应社会。当然，在治疗中，这种要求有很多不同的方面，需要根据特定个案的具体情况来定。如果一位医生认为患者应当克服幼稚症（infantilism）——那么，他必须先克服自己的幼稚症。另一位医生可能认为患者应该宣泄出所有的情绪——那么，他必须先把自己的全部情绪都发泄出来。还有一位医生可能认为患者应该拥有完整的意识——那么，他必须先使自己的意识保持完整。总而言之，如果医生希望自己能对患者产生适当的影响，那他就必须坚持不懈地努力，先让自己达到治疗的要求。虽然在治疗中有各种各样的指导原则，但一些重要的伦理责任是每个医生都会面对的，我们可以用一条规则来总结这些伦理责任：你想要怎样影响别人，就先要变成一个怎样的人。光凭嘴上功夫永远都无济于事，不管你耍什么花招，都不能让你长期避开这个简单的规则。医生应该自己深信这一事实，而不只是将其作为与患者讨论的议题——这一点非常重要。

所以，分析心理学的第四个阶段不仅要求患者转化，而且还要求医生反身应用（counter-application）他在某个既定的病例中为患者所设计的方案。在转化自己的过程中，医生必须表现出同患者一样的坚韧、稳定和顽固。用同样的专注力来处理自己的问题，对医生来说确实是一项不小的成就；因为医生在向患者指出他们的错误路径、错误结论和幼稚伎俩时，往往需要集中全部的注意力和批判性的判断力。没有谁会为医生所付出的内省努力而付费；此外，我们通常对自己也不太感兴趣；再则，我们常常会低估人类心灵深层内容的价值，以至于我们把自我审视或自我贯注当成了一种病态的现象。显然，我们怀疑自己内心隐藏着很多不利于健康的内容，这让人一下子就想到了病房。医生必须克服他自己身上存在的这些阻抗，因为如果他本人不受教育，又怎能去教育别人呢？如果一个人自己仍在黑暗中摸索，他又怎能去启迪他的同伴呢？如果一个人自己都不干净，他又怎能去净化别人呢？

在转化的阶段，医生需要从教育他人转向自我教育。由此而带来的必然结果是，患者应该转化他自己，从而完成治疗早期的几个阶段。这种为了改变患者而首先改变医生自身的挑战，事实上并不太受欢迎，其原因有三。第一，它看起来似乎不切实际；第二，人们对于自我贯注存在一些偏见；第三，要求我们自己做到对患者提出的一切要求，有时会让我们非常痛苦。这最后一条，是让医生进行自我审视这一要求无法普及的最主要原因；因为如果医生认真尽责地给自己"治疗"，他很快便会发现自己的本性中存在一些与正常状况截然相反的内容，尽管经过了最为充分的解释和最为彻底的宣泄，但这些内容仍然会困扰着他，让他非常不安。医生应该怎样处理这些东西呢？他始终知道患者应该怎样处理它们——那是他的专业职责。但当涉及他自己，或者他最亲近的人时，说真的，他又该怎么做呢？如果审视自己，他就会发现自己低劣的一面，会让他与患者更为接近，但这是很危险的，甚至会损坏医生的权威。那他该怎样来处理这个折磨人的发现呢？不管医生认为自己是多么正常，这个多少带点"神经症"性质的问题，都会一下子击中他的心。他还将发现，那些让他和他的患者感到压抑的终极问题，是任何"治疗"都不能解决的。他还将让患者们认识到，期望别人告诉自己解决办法是一种幼稚的行为；他也将让自己认识到，要是找不到解决的办法，这些问题必定将再一次被压抑下去。

我不准备进一步讨论自我审视及其带来的诸多问题，因为我们有关心理的研究还存在很多含糊费解的内容，因此，人们对这些问题几乎没什么兴趣。我宁可再强调一下我在前面已经说过的内容：分析心理学的最新发展，使我们遇到了人格中一些难以判断的因素；我们已经知道，要把医生的人格当成有利于治疗或不利于治疗的因素，放在最为突显的位置；我们已经开始要求医生进行自我转化——就像教育者的自我教育。患者经历过的每一件事，现在医生也都得经历一遍，而且他必须经历告解、解释和教育这几个阶段，这样，他的人格才不会对患者产生不利的影响。医生再也不能借着治疗别人的问题，来逃避自己的问题了。他必须记住一点：一个自己长着脓疮的外科医生显然是不适合给别人做手术的。

就像弗洛伊德学派发现了无意识的阴暗面后，曾不得不开始涉及宗教的问题一样，分析心理学的最新进展，也使医生的伦理态度成了一个不可回避的问题。要求医生进行自我批评和自我审视，从根本上改变了我们对人类心理的看法。我们不能从自然科学的视角来理解这个问题。其中涉及的不只是患者，还有医生；不只是客体，还有主体；不只是大脑的功能，还有意识本身这个必不可少的要素。

之前的医疗方法，现在变成了一种自我教育的方法，现代心理学的范围也随之得到了无限的扩展。医学文凭不再是关键性的东西，取而代之的是人的品质。这一步的意义非常重大。所有在临床实践中发展起来，且经过了提炼和系统化的心理治疗方法，现在都可以为我们所用，而且可以用它们来进行自我教育和自我完善。分析心理学不再只局限于医生的咨询室里，它挣断了原先困住它的锁链。我们可以这样说，分析心理学已经超越了自己，现在正进而填补那个迄今为止被标识为西方文化之心灵缺陷（这是与东方文化的精神缺陷相较而言的）的空缺。我们西方人已经学会了如何驯服和制服心灵，但对于其方法的发展始末及其功能，我们却一无所知。我们的文明还很年轻，因此，我们需要用驯兽师的一切手段，来驯服我们内心住着的多少有些桀骜不驯的野蛮人。但当我们的文化发展到了一个更高的层次，我们就必须放弃强迫法，转而采用自我发展的方法。为了达到这一目的，我们必须熟练掌握一种手段或方法——但到目前为止，我们一种都没有听说过。在我看来，分析心理学的发现和经验至少可以为其提供一个基础；因为一旦心理治疗要求医生做到自我完善，它马上就会脱离其临床的起源，不再仅仅是一种治疗患者的方法。它现在可以用来帮助健康的个体了，或者至少可以用来帮助那些有权利获得心理健康的人，以及那些所患疾病充其量只不过是我们所有人都正在经受之痛苦的人。因此，我们或许可以希望，分析心理学能够获得更为普遍的应用——甚至比构成它最初几个阶段的各自带有一种普遍真理的那些方法更为有用。但是，在希望的实现与眼前的现实之间还存在一道鸿沟，而我们至今还没有找到跨越这道鸿沟的桥梁。我们必须一块石头、一块石头地建造起这座桥梁。

第三章 心理治疗的目标

现在，人们一致认为，神经症是一种功能性的心理障碍，可以通过心理治疗方法将其治愈。但当谈及神经症的形成和治疗的基本原则这些问题时，大家便开始议论纷纷，莫衷一是了。我们必须承认，到目前为止，我们尚没有关于神经症本质和治疗原则的令人满意的概念。诚然，有两种趋势或思想流派颇受人关注，但它们的学说绝没有穷尽我们这个时代各家各派所表达的无数相互冲突的观点。在这众说纷纭之间，还有许多不属于任何流派的人也提出了他们自己的观点。因此，如果将这种状况用一张全景画来表示的话，那么，我们的调色板上必定拥有彩虹般五彩缤纷的颜色。

如果我有这样的能力，我一定很乐意画这样一幅画，因为我始终觉得有必要将这众多的观点放在一起进行比较。但长期以来，我都从未能给这些观点以应有的公正的评价。如果不是与某种多少有点儿流行的独特倾向、特殊性格和基础心理经验相一致的话，这些观点根本就不可能产生——更不可能有人追随了。如果我们认为这些观点完全是错误的、毫无价值的，从而加以排斥的话，那就相当于把这种特定的倾向或者这种独特的经验当作错误的东西，将其拒于门外——也就是说，我们是在歪曲我们自己的经验材料。弗洛伊德用性欲理论解释神经症的现象，他认为心理的一切活动本质上都取决于婴儿期的快乐及其满足，他的观点得到了人们的广泛认同，心理学家应该可以从中获得启发。弗洛伊德这种思维和感觉的方式恰好与相对普遍的倾向和精神潮流不谋而合，除了弗洛伊德的理论外，这些倾向和潮流还在其他地方、其他情况下，在不同人的头脑中，以不同的形式出现。我把这种现象称作集体心理（collective psyche）的表现。我可以列举出许多例子，首先是蔼理士（Havelock Ellis）、奥古斯特·福勒尔（Auguste Forel）以及《人类生活百态》（*Anthropophyteia*）的诸位撰稿者，此外，还有后维多利亚时期盎格鲁-撒克逊国家对性的态度，以及法国现实主义作家所引发的在一般文学作品中对性的广泛讨论。弗洛伊德是当今某种心理倾向的倡导者之一，但出于一些显而易见的原因，我们不能在此深入讨论其历史渊源。

阿德勒在大西洋两岸所获得的认可并不比弗洛伊德少，据此，我们可以做同样的推断。不可否认，用权力欲望起源于一种自卑感来解释人们所面临的问题，让许多人获得了满足。同样无可争议的是，这种观点还对一些在弗洛伊德的体系中没有给出应有位置的真实心理事件做出了解释。集体心理与社会因素的力量构成了阿德勒观点的基础，同时，也正是这些力量促使了这一理论的形成，对此我几乎不需要阐述任何细节。这些事实已经明显地摆在我们眼前。

如果忽视弗洛伊德学派或阿德勒学派观点中的真理成分，将是一个不可宽恕的错误，但如果把它们当中的任何一个奉为唯一的真理，也同样是不可宽恕的错误。这两种真理都与一些心理现实相对应。有一些真实案例，它们大体上可以用这两种理论中的一种来进行最合适的描述和解释。我无法说出这两位研究者有何差错，但是，我可以试着尽可能地运用这两种假说，因为我完全接受它们相对的合理性。倘若我没有偶然发现一些事实，迫使我不得不修订弗洛伊德的理论，那我肯定永远也不会想到要与他分道扬镳；我和阿德勒所提出之观点的关系，也是如此。我似乎没有必要补充说，我认为自己观点的真理性也只是相对的，此外，我也把自己视为某种特定倾向的提倡者。

如果现在有某个领域需要我们保持谦虚的态度，并承认数种看似矛盾的观点都具有一定合理性的话，那么，这个领域必定是应用心理学；因为人类心理是最具挑战性的科学探究领域，我们还远远不能完全了解它。当前，我们只不过是获得了一些看起来合理但却彼此之间不能兼容的观点。因此，当我试着以一种笼统的方式呈现我的观点时，我希望自己不会被人误解。我并不是要向大家推荐什么新奇的真理，更不是在宣称一种终极真理。我只能说，我是在试着弄清楚那些令我感到费解的心理事实，或者说试着弄清楚需要做哪些努力才能克服在治疗过程中所遇到的困难。

既然我们觉得这最后一个问题最有修正的迫切需要，那我在这里就从这个问题开始讨论。众所周知，一个人可以长时间容忍某个不恰当的理论，但却不能容忍不恰当的治疗方法。在我将近三十年的心理治疗实践中，我曾经历过相当多的失败，它们给我留下的印象远比成功深刻。从原始的巫医和祈祷者-治疗者（prayer-healer）开始，似乎每一个人都能够成功地实施心理治疗。但是，心理治疗师几乎不能（或完全不能）从他的成功经历中学到任何东西。成功只能让他在多次失败的经历中增加点信心而已，而失败才是一种无价的经验，因为它不仅打开了通往更为深刻之真理的大门，还迫使他改变他的观点与方法。

当然，我承认，弗洛伊德和阿德勒先后在很大程度上促进了我的工作；而且不管什么时候，只要有可能，我都会在治疗患者的实践中运用他们的观点。不过，我仍然坚信这样一个事实，即我觉得，如果我早些考虑到那些后来促使我修正他们观点的经验资料的话，我本可以避免那些失败。我不可能在此将我所遭遇的失败情形一一描述出来，只能把其中几个较为典型的病例提出来讨论。我遇到的最为棘手的病例通常是一些年长的患者——也就是说，年过四十的患者。在处理一些较为年轻的患者时，我发现，通常情况下，只要运用弗洛伊德和阿德勒的观点就足够了，因为这些观点能够帮助患者在某种程度上适应生活，过上正常的生活，而且显然不会出现不良的副作用。但根据我的经验，在较为年长的患者身上，情况却往往并非如此。在我看来，心理的各个组成部分在不同的生命阶段会发生非常显著的变化——变化之大，简直可以说是生命早期与生命晚期的心理学之间的区别。一般说来，年轻人的生活特点是：总体上是展开的，追求一些具体明确的目标。年轻人如果得了神经症，病因通常可归结为他在该过程中面对必须要做的事情时所表现出来的犹豫和退缩。但是，年长者的生活特点是：力量的衰退、对已取得之成就的肯定，以及进一步发展的停滞。年长者如果患上神经症，则主要是因为他仍执着于已经不合时宜的年轻时的态度。年轻的神经症患者畏惧生活，而年长的神经症患者则恐惧死亡。对年轻人来说是正常的目标，对年长者来说则可能不可避免地变成导致神经症的障碍。在年轻神经症患者的病例中，由于他不愿意面对世界，因此，他对父母的正常依赖不可避免地变成了一种对生活不利的乱伦关系。我们必须牢记一点，尽管年轻人与年长者有许多相似之处，但是，阻抗、压抑、移情、“导向性虚构”（guiding fictions）等在年轻人身上的意义，与在年长者身上的意义完全不同。毫无疑问，我们应当调整治疗的目标以适应这一事实。因此，在我看来，患者的年龄是治疗过程中一个非常重要的参考指标（*indicium*）。

但仅在青年时期，也有许多指标是我们应该注意的。因此，在我看来，如果面对一个适宜用阿德勒心理学来治疗的患者，即一个失败的、需要通过一些婴儿期需要的满足来获得自我肯定的患者，却用弗洛伊德学派的观点去治疗，那便是治疗技术的一种失策。反之亦然，如果面对的患者是一个成功人士，其动机应该用快乐原则来理解，但如果我们采用了阿德勒学派的观点，同样也是一个严重的错误。在一些拿不准的病例中，患者的阻抗或许可以作为很有价值的线索。我倾向于在治疗一开始便认真对待那些根深蒂固的阻抗，这听起来或许有些奇怪。因为我确信，医生并不一定比患者更了解其自身的内心需求和内心构造，而患者本人可能完全意识不到他自己的内心。鉴于目前的这种情况，医生一方持一种谦虚的态度才是最为恰当的做法。我们不仅没有一种普遍有效的心理学，而且，心理构造之间的差异也不可胜数，除此之外，还有一些或多或少属于个体化的心理是无法归入任何一般化的图式之中的。

就心理的构造而言，众所周知，我所假定的两种基本态度——外倾的态度与内倾的态度——与典型的类型划分相一致，但却已经受到了许多研究人性的学者的怀疑。我将这两种态度视作重要的指标，同样，我也认为，某种特定的心理功能会超过其他心理功能而占据主导地位。个体生活的巨大差异使得我们必须不断修正理论，这是医生常常在无意识之中所做的事情，只是原则上与他的理论信条并不完全一致罢了。

在谈及心理构造这个问题时，我必须指出一点：有些人的态度从本质上说是精神性的，而另一些人的态度从本质上说则是物质性的。我们不可臆断，说这样一种态度是偶然获得，或是从某种误解中产生的。这些态度通常表现为根深蒂固的、任何批评或劝说都不能使之消除的激情，甚至在有些案例中，一种看起来明确无疑是唯物主义的态度实际上却根源于对自身的宗教倾向的否认。现如今，相反类型的病例更加为人所熟知，尽管它们出现的频率并不比其他类型的病例更高。在我看来，这些态度也是不应忽视的重要指标。

当我们使用指标（*indicium*）这个词的时候，它的含义似乎就像一般的医学术语一样，指的是这种或那种治疗方法。或许事实情况本该如此，但心理治疗的发展显然还没有达到这种确定程度——因此，遗憾的是，我们所说的指标只不过是一种警告，以提醒医生不要过于片面。

人类心理非常难以捉摸。在面对每一个病例时，我们都必须思考这样一个问题，即一种态度或所谓的习惯是独立存在的，还是仅仅只是其对立面的一种补偿而已？我必须承认，我经常在这个问题上出错，以至于在处理任何具体的个案时，我都会尽力避开一切关于神经症之结构、患者能做之事或应做之事的理论预设。只要有可能，我都会根据纯粹的经验来确定治疗的目标。这看起来可能有些奇怪，因为通常情况下，人们都认为，治疗师在治疗时应该有明确的目标。但在我看来，尤其是在心理治疗中，医生最好还是不要持一个过于固定的目标。医生对患者所希望得到之物的了解，并不比对患者之本性和求生意志的了解更多。通常情况下，相比于有意识的意志和善意的理智，关于人类生活的重大决定与本能及其他神秘的无意识因素之间的关联要更为密切一些。一双鞋，有的人穿合脚，但另一个人穿就会挤脚，没有哪种生活方式会适合所有的情况。我们每一个人都有自己的生活模式（life-form）——这是一种无法确定的模式，无法用其他任何模式来取代。

当然，所有这些考虑都不会阻止我们尽一切可能帮助患者恢复正常、合理的生活。如果这能带来令人满意的结果，我们就会就此作罢，但如果它不足以带来令人满意的结果，那么，不管怎样，治疗师都必须在患者无意识素材的指导之下行事。在这里，我们必须遵循天性的指导，这样一来，医生所采取的路线，与其说是一个治疗的问题，倒不如说是一个要把患者身上所存在的种种创造潜能开发出来的问题。

我必须要谈论的内容，是从治疗停止而发展来临的那一刻开始的。我对心理治疗所做的贡献，仅限于那些理性疗法无法带来令人满意之结果的个案。我手头的临床资料有一个特点：首次进行治疗的个案明显占少数。我的大部分患者都已经接受过某种形式的心理治疗，但通常情况下只是部分治愈，或者产生了负面的效果。在我的个案中，大约有三分之一的患者并没有表现出符合临床定义的神经症症状，他们的痛苦来自于生活中的无意义感和空虚感。不过，在我看来，这种现象完全可以描述为我们这个时代的一般性神经症。在我的患者当中，足足有三分之二已经人过中年。

用理性方法来治疗这种特殊类型的患者是很困难的，因为他们当中大多数人社会适应良好，能力较强，对他们来说，变得正常是没有什么意义的。至于那些所谓的正常人，我对他们甚至更加束手无策，因为我没有现成的人生哲学可以拿出来给他们。在我的大多数个案中，意识的资源已经用尽，这种情形通常可以表达为："我被困住了。"主要是因为这一事实，我才不得不去寻找其背后隐藏的种种可能性。每当有患者问我"你有什么建议吗？我该怎么办才好?"，我都不知道该怎么回答，因为我所知道的并不比他们多。我只知道一件事情：从我有意识的视角看，我似乎找不到任何可以前行的道路，因此，我"被困住了"，而我的无意识将会对这种无法承受的停滞状况做出相应的反应。

在人类的进化过程中，这种陷入停滞的状况是一种出现得非常频繁的心理事件，以至于成了很多童话故事和神话的主题。我们都听过"芝麻开门"的故事，或者某只助人为乐的小动物找到秘密通道的故事。我们或许可以这样说：在时间的长河中，“被困住”是一种已经诱发了典型反应和补偿的典型事件。因此，我们可以在某种程度上预期，一些与此相似的东西将会出现在无意识的反应中，比如梦中。

因此，在这样的情况下，我的注意力便尤其会更多地指向梦。这并不是因为我坚信梦一定永远都是我们的救星，也不是因为我拥有一种神秘的梦理论能告诉我一切事情的来龙去脉；我之所以注意到梦，完全是出于困惑。我不知道还能到别的什么地方去寻找帮助，所以，我试图到梦中去寻找，梦至少可以给我们呈现一些意象，能给我们一些提示，不管怎样，这总比什么都没有要好。我没有关于梦的理论，我也不知道梦是怎样产生的。至于我处理梦的方式是否称得上是一种“方法”，我自己都非常怀疑。

和读者们一样，我也对释梦怀有偏见，认为它本质上就不确定且任意武断。但另一方面，我也知道，如果我们花足够长的时间彻底思考一个梦的话——如果我们老想着它，反复揣摩的话——总是能够从中找到一些东西。当然，我们所找到的这些东西，并不属于我们能吹嘘其科学性或合理性的类型，但它们是一种具有实用价值的重要线索，能够让患者看到无意识将引导他去向何处。至于我们对梦的研究能否得出一个经得住科学验证的结论这个问题，我甚至并不认为它有多重要；如果我这样做的话，则我所遵循的完全是个人的目的，因而这是一个自体性欲的（auto-erotic）目的。只要释梦的结果对患者有点意义，并使他的生命再次活动起来，我就一定会心满意足了。对于自己释梦的合理性，我只遵循一个评判标准，那就是它是否有治疗效果。至于我的科学兴趣——我想要了解梦为什么会有治疗效果——则必须留到业余时间来探索了。

最初的梦的内容通常无限多样——我指的是患者在治疗开始的

时候跟我讲述的那些梦。在许多个案中，这些最初的梦直指过去，往往让人们想起那些早被遗忘、已不属于个性内容的东西。正是这些已不属于个性内容的东西，导致了片面性，而片面性又导致了停滞的状况，以及随之而来的迷向感（disorientation）。用心理学的术语来说，片面性可能会导致力比多突然丧失。我们之前的所有活动都会变得枯燥无味，甚至毫无意义，而我们曾经为之奋斗的目标也失去了其价值。在一个人身上也许转瞬即逝的情绪，到了另一个人身上则可能变成一种长期的状态。在这些个案中，常常发生的情况是：人格发展的其他可能性存在于过去的某个地方，谁也不了解它们，甚至连患者自己都不知道。但是，梦或许可以提供线索。在其他一些个案中，梦会指向当前的事实，比如婚姻或者社会地位，但患者在意识层面从来没有把它们视为问题和冲突的根源。

这些可能的情形属于理性能够解释的范围，要给这些最初的梦做出看似合理的解释并不难。当梦不指向任何明确有形的东西（这是经常发生的情况）——尤其是当它们预示未来的时候，真正的困难就开始出现了。我并不是说这样的梦一定具有预见性，而是说它们具有某种预期或“侦察”的作用。这些梦包含着种种可能性的迹象，因此永远都不可能让一个外行人觉得它们合理。甚至连我自己都经常觉得它们不那么可信，这种时候我就会对我的患者说：“我并不相信这个梦，但还是继续跟进这条线索吧。”正如我在前面说过的，刺激效应（stimulating effect）是唯一的评判标准，因此，我们完全没有必要非弄明白这样一种效应是怎样产生的不可。当梦中所包含的意象有时候奇怪和令人困惑得难以置信时，情况更是如此。这些梦中包含一些像“无意识的形而上学”这样的东西，它们是未分化的心理活动的表达，这种未分化的心理活动中可能常常包含着有意识思想的萌芽。[1]

我有一位“正常”的患者，他跟我讲述了一个很长的最初的梦，梦中有一个很重要的场景是他姐姐的小孩生病了。那是一个两岁的小女孩。不久之前，这位姐姐确实有一个儿子因为疾病而去世了，但她其他的孩子都没有生病。一开始，梦中那个患病小孩的意象让他十分困惑——毫无疑问，这是因为它与事实完全不符。由于做梦者与他姐姐之间并没有直接的亲密关系，因此，他无法从这个意象中找到有关他个人的东西。后来，他突然想到，两年前他曾研究过神秘学，正是对神秘学的研究使他接触到了心理学。显然，这个小孩代表的是他对心理之类的东西的兴趣，如果仅凭我一人，我是绝对想不到这一点的。从理论的角度看，这个梦中意象既可能意指任何事物，也可能毫无意义。关于这一点，一件事或一个事实是否始终意味着什么呢？我们唯一能够确定的是，对梦进行解释的始终是人，也就是说，永远都是人在赋予事实以意义。这便是心理学问题的要旨所在。这个梦带给做梦者的是一种新奇而有趣的印象，即对神秘学的研究可能有些病态。从某种程度上说，这一想法正中要害。这就是那个决定性的时刻：释梦是有效果的，不管我们选择以何种方式来解释它是怎样起作用的。对做梦者来说，这个想法包含了一种批评，通过这种批评，态度会发生某种改变。通过这种小小的改变（人们永远都不可能理性地想出这样的改变），事情开始有了转机，死结也终于解开。

在评论这个案例时，我可以打一个这样的比方：这个梦意味着做梦者的神秘学研究有些病态。如果做梦者从他的梦中想到了这一

① 柏拉图有关洞穴的幻觉就是对知识问题的一种想象性预期，知识问题在后来若干个世纪成了哲学家们关注的问题。梦和幻想有时候会表现出一种能与此种幻觉相媲美的哲学洞察力。——译者注

点，那么从这个意义上说，我或许也谈到了“无意识的形而上学”。但我还要探讨得更为深入一些。我不仅要给患者一个机会，让他看到他的梦让他想到了什么，而且，我也同样给自己一个机会，看看他的梦让我想到了什么。我会把自己的猜想和意见告诉他，以期对他有益。如果我在这样做的时候有所谓的“暗示”之嫌，我也并不感到后悔；众所周知，我们只是容易受到那些已经与我们不谋而合的暗示的影响。如果在这个猜谜的过程中偶尔猜错，也不会造成任何伤害。心理迟早会摒弃这个错误，在很大程度上就像有机体会自动排斥异物一样。我不需要试图证明我对梦的解释是正确的，那在某种程度上说只会是一件毫无希望的事情，我必须要做的事情仅仅只是帮助患者找到什么东西能对他起作用——我几乎说出了事实的真相。

对我来说，尤其重要的是要尽可能多地了解原始心理学、神学、考古学以及比较宗教学，因为这些领域为我提供了许多无价的可类比的东西，我可以用这些可类比的东西来丰富患者联想的内容。把这些领域放在一起加以研究讨论，我们便能发现那些表面上毫不相关的内容其实充满了意义，并可以极大地提高释梦的有效性。因此，对于那些在生活的个体层面和理性层面已经尽了最大努力但却仍没有找到意义和满足的人来说，进入一个直接经验的领域是极具刺激作用的。通过这种方式，一些本是平常和司空见惯的事情也就得以改变面貌，甚至能够获得一种新的魔力。这是因为一切事情都完全取决于我们怎样看待它们，而不是它们本身是怎样的。在生活中，最为微小但具有意义的事情也比那些重大但没有意义的事情更有价值。

我认为，我并没有低估这项工作的风险。这是一项像是要在空中建造楼阁的工作。事实上，人们甚至可能会断言——而且确实也有人经常这么做——如果遵循这个程序，医生会和他的患者一同陷入纯粹的幻想之中。我并不认为这是一种对我的指责，而是认为它完全说到了点子上。我甚至努力地支持患者进入他的幻想之中。说实话，我对幻想有非常高的评价。在我看来，它实际上是男性精神中所具有的母性创造力的一面。不管怎么说、怎么做，我们都永远无法抵制幻想。诚然，有些幻想毫无价值、不得要领、有些病态且令人不满，对于这样的幻想，每一个稍具常识的人都能一眼看出它们无助于治疗的本质；但是，这也不能证明创造性想象也是没有价值的。人类的所有作品都根源于创造性的幻想。那么，我们又有什么权利去贬低想象力的价值呢？在一般情况下，幻想不太容易误入歧途，因为幻想太深刻了，而且它与人类和动物之本能的直接根源有着非常密切的联系。幻想总是以一些令人吃惊的方式进行自我纠正。想象力的创造性活动使人类摆脱了“仅此而已”（nothing but）的束缚，并解放了他们身上的那种游戏精神。正如席勒（Schiller）所说，人只有在游戏的时候才是完整的人。

我的目标是让患者产生一种能使其体验到本性的心理状态——这是一种流动的、不断变化和成长的状态，在这种状态下，再也没有什么东西是永远固定不变、僵化得无可救药的。当然，在介绍我的技术之前，我必须先说明一下它的一般原则。在处理一个梦或一种幻想时，我的惯常做法是绝不超出对患者有影响的意义，在每一个病例中，我都努力让患者尽可能清楚地意识到这一意义，这样他也就能够意识到其在超个人层面上的关联了。这一点很重要，因为当一件相当普遍的事情发生在某个人身上，却被他当成了一种他所独有的经验时，他的态度显然就是错误的，也就是说，他的态度过于个体化了，而这通常会使他游离于人类社会之外。我们不仅需要一种当前的、个人的意识，而且还需要一种超个人的意识，这种超个人意识能够让我们产生历史延续感。不管这听起来有多牵强，但经验表明，有很多神经症的病因都是这样一个事实，即人们对其理性启蒙怀有一种幼稚的激情，从而忽视了他们的宗教冲动。今天的心理学家应该完全认识到，我们所处理的不再是教条和教义的问题。宗教态度是心理生活的一部分，其重要性不管怎么估计都不为过。正是因为有这样的宗教观点，历史延续感才得以成为不可或缺的东西。

回到我的技术这个问题上，我经常问自己：我在多大程度上受益于弗洛伊德呢？无论如何，我都是从弗洛伊德那里学到自由联想方法的，而且我认为，我的技术是这种方法的进一步发展。

只要我帮助患者发现他的梦中所包含的有效成分，只要我试着向他说明梦中象征所具有的一般意义，那么，从心理上说，他便仍然处于一种孩童的状态。此时，他暂且依赖的是他所做的梦，而且，他总是不断地问自己：下一个梦是否会给他带来新的启示。除此之外，他还依赖于我对他的梦所做的解释，依赖于我的能力，希望用我的知识去增强他自己的洞察力。所以说，他仍处于一种不可取的被动状态，在这样一种状态之下，一切都是不确定的、成问题的，我和他都不知道这种状态什么时候才是个头。通常情况下，这种状态就像是在一片漆黑中摸索前行。如果处于这样的状态，我们必不可预期会出现任何显著的治疗效果，因为那种不确定性太大了。此外，我们还经常面临这样的风险：白天我们通过治疗织好的东西，到了晚上又被拆掉了。其危险就在于，什么都没有发生，一切却都转瞬即逝。在这样的状况之下，患者常常会做一种色彩尤其丰富或者特别离奇的梦，他会对我说：“你知道吗？如果我是画家的话，我一定会把它画下来。”要不然，梦就会涉及照片、油画、素描或者彩色稿本，甚至是电影。

我已从实践的角度解读了这些线索，现在，在这样的时刻，我便真的会敦促我的患者把他们在梦或者幻想中所看到的东西画下来。而我通常会听到这样的反对："我又不是画家。"对此，我一般会回答说，现代的绘画者也不都是画家——正因为如此，现代绘画才可以是完全自由的——而且不管怎样，这里所要求的并不是一个要画得好看的问题，而只是要求他花点工夫画一幅画而已。最近，我在一位才华横溢的肖像画家的个案中看到，我所说的画画方式与"艺术"是多么不沾边；她不得不像一个技巧拙劣的孩子，重新开始学画——简直就像是从来没有拿过画笔似的。画我们的肉眼所能看到的东西与画我们在内心所看到的东西，完全是两码事。

于是，我的许多上了年纪的患者都开始作起画来。所有人都会认为这是一种完全没有治疗作用的业余爱好，对此，我完全可以理解。不过，大家要记住一点：我们现在讨论的不是一群仍需要证明他们对社会有用的人，而是那些对社会有价值但却不能从中找到意义感的人，他们碰到了有关他们个人生活的意义这个更为深层也更为危险的问题。这只对那些尚未达到这个阶段的人具有意义和吸引力，而对那些早已体验够了的人来说，是没有意义和吸引力的。那些以培养大众人（mass-men）为骄傲的"教育家"，可能总是会否定个人生活的重要性。但是，每一个人迟早都不得不要去寻找属于他自己的这种意义。

尽管我的患者不时地会创作出一些富有艺术美感的作品，这些作品完全可以拿到现代"艺术"展会上去展出，但是，我仍会按照严肃艺术的检验标准，判定它们完全没有价值。去除它们的艺术价值甚至可以说非常有必要，要不然的话，我的患者可能就会想象他们自己是艺术家，因而会破坏这种练习的良好效果。这不是一个艺术的问题——或者更确切地说，这不应该是一个艺术的问题——而是一个更为重要的、不同于纯粹艺术的问题，也就是说，是一个会对患者的生活产生影响的问题。从社会的角度看，个体生活的意义可以忽略不计，但是在这里，个体生活却被赋予了至高的价值，正因为如此，患者才会拼尽全力以某种形式将那些难以表达的东西表现出来，而不管那种形式是多么粗糙和幼稚。

但是，在一个特定的发展阶段，我为什么要鼓励患者用画笔、铅笔或钢笔来表达自我呢？我这样做的目的与我处理梦的目的是一样的——我希望有治疗效果。在上文所描述的那种孩童般的状态下，患者一直是被动的，但是，现在，他开始扮演起一个积极主动的角色。一开始，他把他在幻想时所想到的东西画在纸上，然后对其进行认真的思考。他不仅会谈论这些东西，而且还真的会围绕它们做一些事情。从心理学上说，一个患者每周同他的医生进行两次有趣的谈话是一回事——这种谈话的结果通常悬在半空中——而一次花几个小时努力地用难以驾驭的画笔和颜料，最终只创作出一幅从表面上看似乎毫无意义的作品，就是另一回事了。如果他的幻想真的对他毫无意义的话，那么，让他费力地把它画出来就会是一件非常令人厌烦的事情，以至于画过一次以后他就不可能再画第二次了。但既然他的幻想对他来说似乎并非完全没有意义，那么，他让自己忙于幻想的举动，就会增加幻想对他的影响。除此之外，为赋予幻想意象以可视化形式而做的努力，也有利于对它进行全面的研究，这样一来，通过这种方式便可以完全体验到幻想所产生的影响。绘画训练赋予了幻想一种现实的成分，从而使幻想有了更大的影响力和更强的驱动力。实际上，这些粗糙的画作确实能够产生效果，但我也必须承认，这种效果很难用语言来描述。当一名患者偶尔感受到，通过画一幅象征性的作品，他可以让自己从痛苦的精神状态中解脱出来，那么，此后每当他状态不好时，他都会求助于这种解脱方法。这样一来，他就赢得了一些非常有价值的东西，即他的独立性提高了，而这正是他走向心理成熟必经的一步。患者通过这种方法能使自己获得创造性的独立（creatively independent）——如果我可以把这称为创造性的独立的话。他不再依赖于自己的梦，也不再依赖于医生的知识，而开始能够用画画这种有形的形式表达自己内心的体验。因为他所画的正是他自己活跃的幻想——而激活他的正是这些幻想。因此，在内心激活他的其实就是他自己，但并不是他以前错误认识的那个自己。那时他错误地把个人的自我（personal ego）当成了自体（self）；现在这个自己是全新意义上的自己，因为他现在的自我是一个被内在生命力激活了的客体。在他的系列画作中，他力图把自己的内心活动尽可能充分地展现出来，但不料最终却只发现内心活动永远都是闻所未闻、前所未见的——这是心理生活的潜藏基础。

我或许无法向你们描述这些发现会在多大程度上改变患者的立场和价值观，以及它们又是怎样改变了患者人格的重心的。自我就好像是地球，它突然发现，太阳（或者说是自体）才是行星轨道的中心，也是地球轨道的中心。

但是，我们不是一直都知道事情正是如此吗？我本人相信，我们一直都是知道的。但是，我的大脑可能知道某些事情，而另一个我却对此毫不知情，所以，事实上，我可能生活得就好像我对这些事一无所知似的。我的大多数患者都知道这个深刻的道理，但却依然无法好好地生活。他们为什么无法依据这个道理好好生活呢？这是因为偏见，这个偏见使得我们所有人都把自我放在了生活的中心——而这种偏见来自于对意识的过高估量。

对于一个尚未适应社会和尚且一无所成的年轻人来说，极为重要的是，要尽可能有效地塑造有意识的自我（conscious ego）——

也就是，培养意志。除非他是一个不折不扣的天才，否则，他便不可能相信自己心中还活跃着与其意志不符的东西。他必定觉得自己是一个有意志力的人，于是他可能会很有把握地贬低自己心中的其他一切东西，或者认为他内心之中的其他一切都会受他意志的支配——因为如果没有这种错觉，他便几乎无法适应社会。

而对于已经步入后半生的患者来说，情形则不同了，这些患者不再需要培养其有意识的意志，但为了理解个人生活的意义，他们必须学会体验自己的内在（inner being）。他们的目标不再是成为对社会有用的人，尽管他们并不怀疑这一目标的吸引力。他们十分清楚自己所从事的创造性活动对社会而言并不重要，而只是把它当作一种自我发展并因而使自己受益的手段。同样，这种活动使他们逐渐摆脱了一种病态的依赖心理，这样一来，他们便赢得了一种内心的坚定，以及一种全新的自信心。这些最终的成就进而又增强了患者的社会存在感。因为同一个无法与自己的无意识和睦相处的人相比，一个内心健全且自信的人将更能够胜任他的社会任务。

我有意避免在本书中阐述过多的理论性的内容，但是，难免有一些地方仍然显得极为晦涩，令人费解。为了更好地理解患者所创作的画，必定至少要提及某些理论要点。患者所创作的这些画有一个共同的特点，即绘图和色彩方面都存在一种明显的原始象征意义。色彩通常相当粗犷，也常常表现出一种古老的特质。这种特点表明了催生出这些画作的创造力的本质。它们是人类进化过程中非理性的、象征性的激流，而且非常古老，以至于我们轻而易举地就可以在考古学和比较宗教学领域中找到与之相类似的地方。因此，我们可以大胆假设，这些画作主要来源于我称之为集体无意识（collective unconscious）的心理生活领域。我所说的集体无意识，指的是存在于所有人身上的一种无意识心理活动，在今天它不仅可以催生出象征性的作品，在过去它也是一切类似作品的源泉。这些画作起源于——同时也满足了——一种自然的需求。这就好像是通过这些画作，我们将这样一部分心理表现了出来，它回溯到了远古时代，并将远古时代与当前的意识融合在一起，从而降低了远古时代的意识对当前意识的干扰性影响。

当然，我还必须补充一点，仅仅是画出这些作品还远远不够。除此之外，还必须从理智上和情感上理解它们，必须有意识地将它们整合到一起，使之易于理解、合乎道德。我们必须对它们做一系列的解释。但是，尽管事实上我经常同单个患者一起经历这样一个过程，却不能让更多人清楚了解这个过程，也没能成功地用一种适合出版（发表）的形式把这一过程整理出来。到目前为止，我对这个过程的描述还只是处于零零碎碎的阶段。

事实上，我们在这里面对的是一个全新的领域，而成熟的经验是我们所需要的第一要素。出于一些非常重要的原因，我不想过于仓促地得出结论。我们所研究的是意识之外的一个心理生活领域，而我们对它进行观察的方法是间接的。而且到现在为止，我们还不知道自己正在探索的是一个多深的领域。正如我在上文所指出的，我认为这似乎是一个中心定位过程（centring process）的问题，因为有很多患者都觉得起决定作用的许多画作都指向了这个方向。这个过程将产生一个新的平衡中心，就好像是自我以它为中心进入了另一条轨道。这个过程的目的是什么，一开始可能还比较模糊。我们只能说，它会对有意识的人格（conscious personality）产生重要的影响。有意识人格的改变通常会增强患者对生活的感受力，使生活得以继续进行，从这一事实，我们便可断定，这其中必定有一个这一过程所固有的特定目的。我们或许可以称之为一种新的幻觉——但是，幻觉是什么呢？我们判定某物为幻觉的标准又是什么呢？心理之中真的存在我们可以称之为“幻觉”的东西吗？我们所乐于称之为幻觉的东西，对心理来说很可能是一种非常重要的生命因素——就像氧气对于有机体一样，是不可或缺的因素——是一种最为重要的心理真实（psychic actuality）。想来心理并不会为我们对现实的分类伤脑筋，因此，对我们来说，更为明智的说法是：一切发挥作用的东西都是真实的。

凡是想探索心理之真谛的人，都不可将心理与意识混为一谈，否则他的视线就会被遮蔽，看不到想要探索的目标。相反，甚至只是要识别心理，他都必须要学会了解心理与意识之间的不同。我们称之为幻觉的东西，对心理来说很可能是真实的。因此，我们不可以将心理真实与意识真实混为一谈。对心理学家来说，最愚蠢的莫过于那些宣称“可怜的异教徒神明都是幻觉”的传教士的观点。但不幸的是，我们也经常犯教条武断的错误，就好像我们称之为真实的东西就不是同样充满了幻觉一样。就像我们所有的经验一样，心理生活中一切发挥作用的活动都是真实的，而不管人们选择用什么样的名字来称呼它们。要认识到这些心理事件的真实性——这对我们来说至关重要；对我们来说，重要的不是试图给它们加上某个名字。就心理而言，精神（spirit）即使被称为性欲（sexuality），也依然是精神。

我必须再说一遍，各种各样的专业术语以及它们的变式永远都无法触及上述过程的本质。和生活本身一样，我们也无法用有关意识的理性概念来领会这个过程的本质。我的患者正是因为感受到了这个真理的全部力量，才求助于象征性的表现方式。在描画和解释这些象征的过程中，他们发现，有些东西比理性的解释更为有效，更能满足他们的需要。

第四章
一种关于类型的心理学理论

性格（character）指的是一个人固定的、个别化的形态。既然身体有形态，行为或心理也有形态，那么，一门普通性格学（general characterology）就必须同时教授生理特征和心理特征所具有的重要意义。生物体神秘的单一性（oneness）必然可以推导出这样的事实：身体的特性不仅仅是生理上的，精神的特性也不仅仅是心理上的。为了帮助理解，人类的理智不得不对事物进行对立区分，但自然是连续的，不会设置这样的区分。

心理与身体的区分是一种人为的二分法，这种区分的基础毫无疑问是智力理解的独特性，而不是事物的自然属性。事实上，身体特性和心理特性之间的关联非常密切，以至于我们不仅可以根据身体的构造对心理构造进行深远的推论，而且还可以根据心理特性推导出相应的身体特性。诚然，后一个过程更为困难一些，但这肯定不是因为身体对心理的影响比心理对身体的影响更大，而是另有原因。我们以心理为出发点，就是从相对未知的领域进入相对已知的领域；反过来，如果反其道而行，我们便可以利用相对已知的事物，即看得见摸得着的身体，以其作为出发点了解相对未知的事物。尽管我们认为自己现在已经掌握了很多心理学知识，但与看得见摸得着的身体相比，心理依然要晦涩难懂得多。心理依然是一个几乎未经探索的陌生领域，我们对它只有间接的认识，即通过对其中起中介作用的意识功能的了解来认识它，但意识功能却有无数被骗的可能性。

既然如此，那么对我们来说，更为稳妥的做法是由外向内、从已知到未知、从身体到心理进行研究。因此，性格学的一切研究都是从外部世界开始的。古代的占星术（astrology）为了探知人类与生俱来的命运线，甚至求助于星球空间。此外，手相术（palmistry）、加尔（Gall）的颅相学（phrenology）、拉瓦特（Lavater）的相面术（physiognomy）研究、最近出现的笔迹学（graphology）、克雷奇默（Kretschmer）有关类型的生理学研究，以及罗夏（Rorshach）的墨迹测验法，都同属于这种从外部迹象出发进行解释的类别。正如我们所能看到的，从外向内、从生理到心理的道路有很多条，因此，研究工作有必要沿着这个方向前进，直到我们对某些基本的心理事实有足够确定的把握。但一旦确定这些事实，我们就可以采用相反的研究程序了。到那时，我们就可以提出这样一个问题：一种特定的心理状态与身体特征之间有怎样的关联？不幸的是，我们现在的水平还不够先进，因而甚至都不能粗略地回答这个问题。我们首先需要做的是确立心理生活的主要事实，但这一点至今还远远没有完成。事实上，我们只不过才刚刚开始对心理的详细内容进行一些汇编的工作，而且，我们得到的结果也并非总能尽如人意。

如果确立的事实只是描述了某些人的相貌如何，而不能让我们从中推断出相应的心理特征，那便是毫无意义的。只有当我们确定了与某一特定身体构造相伴随的是怎样的心理特征时，才算学到了些东西。如果没有心理，身体对我们而言便没有任何意义，反过来也是一样，如果没有身体，心理对我们而言也没有任何意义。当我们试着从一种生理特征推断出相应的心理特征时，我们便——如前文所说——从已知领域走向了未知领域。

不幸的是，我必须强调这一点：由于心理学是目前所有科学中最年轻的一门，因此，它最容易受到各种先入之见的影响。我们直到最近才发现心理学，这一事实本身便足够清楚地表明，我们所有人用了如此长的时间才将我们自己与我们头脑中的内容清楚地区分了开来。而在这之前，我们是不可能客观地研究心理的。心理学作为一门自然科学，事实上是我们的最新发现；到现在为止，它还是像中世纪时期的自然科学一样，非常武断且怪诞无比。迄今为止，人们一直认为，心理学可以不需要经验数据的支持，好像只要一下命令便可以创造出来似的——我们至今依然在这样一种偏见之下挣扎。而心理生活事件与我们的关联最为直接，似乎是我们最为了解的事情。事实上，我们不仅熟悉这些事件，而且简直是熟悉到厌烦了。这些无休止的日常琐事的枯燥乏味让我们感到吃惊。简言之，我们确实因为心理生活的即时性而深感痛苦，因而会尽最大的努力避免想到它。所以，因为心理本身具有即时性，而我们自己就是心理，因此，我们不得不假定自己对心理已经了如指掌，而且这种了解不容人置疑。这就是我们每一个人对心理都有自己的个人见解，甚至深信自己的了解比其他任何人都多的原因所在。这种盲目的偏见使得每个人都认为自己才是心理问题方面的最佳权威，而精神病学家作为一个专业群体，由于他们必须与患者的家人和监护人（他们的“理解”是众所周知的）周旋，那么，他们或许是最早认识到这种偏见的人。不过，这当然不能阻止精神病学家成为“自称无所不知的人”。有一位精神病学家甚至声称：“在这座城市里只有两个正常人——一个是我，另一个是 B 教授。”

既然今天的心理学是这样一种状况，那么，我们必须承认，我们对这种靠自己最近的东西的了解却最少，尽管表面上它似乎是我们最为了解的东西。此外，我们还必须承认，其他任何人对我们的了解很可能比我们自己还要多。无论如何，作为一个出发点，这将是一条非常有用的启发式原则。正如我在前面已经说过的，正是因为心理离我们如此之近，所以我们发现心理学的时间才如此之晚。作为一门仍处于初始阶段的科学，我们缺乏一些概念和定义来掌握事实。我们缺乏的是概念，而非事实。并且我们被这些事实包围着——几乎被它们淹没了。这与其他科学的情形形成了鲜明的对比，在其他科学中，首先必须挖掘的就是事实。在这些科学中，首先要对第一手资料进行分类，然后才能形成有关某些自然规律的描述性概念。例如，化学中的元素分类以及植物中的科属分类。但就心理而言，一切情况就都不同了。在这种情形下，一种经验性和描述性的观点会让我们任凭不可遏制的主观经验之流的摆布，因此，无论什么时候，只要这汹涌的印象流之中产生了某些笼统的概括性内容，概括的通常就仅仅只是某种症状。由于我们自己就是心理，所以，我们几乎不可能不陷入心理事件而对其听之任之、不加干涉，而我们因此也被剥夺了辨别差异和进行比较的能力。

这是一大困难。而另外一个困难存在于下述情况中：我们越是脱离特定现象去研究不受空间限制的心理，就越不可能通过精确测量确定任何的事物。甚至连确定事实都很困难。例如，如果我想强调某件东西不是真实的，我就会说它仅仅是我想出来的。我会说："除非某某事情发生，否则，我永远也不会有这样的想法；而且除此之外，我从来也不会想到这样的事情。"像这样的话我们经常听到，它们表明心理事实是多么的模糊不清，或者更确切地说，就主观方面而言，心理事实是多么的令人费解——而事实上，心理事实与历史事实一样客观、一样确定无疑。事实是：我确实是这样想的，而不管我为此事实附加了多少的条件和限制。为了承认这个完全显而易见的事实，很多人都不得不与自己斗争，而且常常还要付出巨大的道德努力。因此，这些就是我们在根据外部观察到的事物来推断心理状态时所遇到的困难。

现在，我进一步缩小了工作的范围，不从外在特征出发去做临床的判断，而是对从中得到的心理资料进行调查和分类。这项工作所取得的第一个结果，是关于心理的描述性研究，这使得我们能够建立一些关于心理结构的理论。然后，把这些理论经验性地运用于实践，最终发展出心理类型的概念。

临床研究以症状描述为基础，从描述症状到对心理的描述性研究这一步，堪比从纯粹的病理学到关于细胞或代谢的病理学这一步。也就是说，对心理的描述性研究，让我们看到了那些在头脑深处导致临床症状的心理过程。正如我们所知，这种洞察力是通过运用分析方法获得的。今天，我们对各种导致神经症症状的心理过程已经有了相当的了解，因为我们对心理的描述性研究已经有了足够的进展，使得我们能够确定那些情结。不论在模糊的心理深处还发生了些什么事情——关于这一问题，目前仍是众说纷纭——但有一件事情是确定的，即在那里发挥重要作用的首先是所谓的情结（complexes，即具有一定自主性的情绪性内容）。“自主情结”（autonomous complex）这种说法经常遭人非议，尽管在我看来，这样的非议似乎都是没有道理的。无意识中的活跃内容的行事方式，除了用“自主”一词外，我实在找不到更适当的词来形容它了。“自主的”一词表明了这样一个事实：情结能够抵抗有意识的意图，且能够随心所欲地出没。根据我们所能了解到的，情结是不受有意识头脑控制的心理内容。情结已经从意识中被分离了出来，独立地存在于无意识之中，随时准备好阻止或加强有意识的意图。

对情结的进一步研究，不可避免地要涉及其起源的问题，关于这一点，现在流行的有多种不同的理论。除了理论之外，经验也告诉我们，情结永远包含着某种类似于冲突的东西——要么是情结导致了冲突，要么是冲突导致了情结。无论如何，冲突的特征——也即震惊、骚动、精神上的痛苦、内心的挣扎等——是情结所特有的。在法语中，它们被称作黑色的野兽（*bêtes noires*），我们则称之为“壁橱里的骷髅”（skeletons in the cupboard）。它们是“弱点”（vulnerable points），我们不愿意想起它们，更不愿意听别人提起，但它们却经常用最不受欢迎的方式，一次又一次地回到我们的头脑里。它们总是包含着一些我们从未真正处理好的记忆、愿望、恐惧、责任、需要或观点，正是由于这个原因，情结不断以一种令人不安的，而且往往是有害的方式干扰我们的意识生活。

从最为广泛的意义上说，情结显然代表了一种自卑（inferiority）——对于这种说法，我必须马上加一个限定，我必须补充说，有情结并不一定就意味着自卑。它只表明存在一些不合时宜的、无法同化的、发生冲突的东西——很可能是一种障碍，但也可能是一种激励人们付出更大努力的刺激，因而也就为通往新的成功创造了各种新的可能。所以，从这个意义上说，情结是我们心理生活中不可或缺的焦点或结点。情结确实必不可少，否则，心理活动就会陷入致命的死寂状态。但是，情结也表明了个体尚未解决的问题，是他遭受失败的节点，至少就目前而言，是他无法逃避又不能克服的东西——不管从什么意义上说，那都是他的弱点所在。

情结的这些特征，让我们非常清楚地看到了它的起源。显然，情结起源于适应社会的要求与个体在素质上无力迎接这一挑战之间的冲突。从这个角度看，情结是一种能够帮助我们判断个体气质倾向的症状。

经验告诉我们，情结的种类无限多样，但只要仔细地比较一下就会发现，情结典型的基本模式相对数量较少，它们全部根源于童年的最初经验。情况必定如此，因为个体的气质是童年时期便已存在的一个因素；气质是与生俱来的，而不是在生活中获得的。因此，父母情结（parental complex）只不过是个体在素质上达不到现实对他的要求时，与现实所发生的冲突的最初表现。这种情结的最初表现形式只能是父母情结，因为父母是与孩子发生冲突的第一个现实。

因此，父母情结的存在并不能告诉我们太多有关个体素质的信息，或者什么都不能告诉我们。很快，实践经验便告诉我们，问题的关键不在于一种父母情结的存在，而在于这种情结在个体生活中是如何表现的。有关这一点，我们观察到人与人之间个体差异非常大，但只有少数可以归因于父母影响的特别之处。通常情况下，有好几个孩子受到同样的影响，但是每个孩子对此的反应却完全不同。

接下来我将关注这种差异本身，因为我认为，正是通过这些差异，个体才形成了其可资辨别的特殊气质倾向。同在一个患有神经症的家庭中，为什么一个孩子患上了歇斯底里症，另一个却表现出强迫性神经症，第三个则患上了精神病，而第四个却根本没有出现任何异常呢？弗洛伊德也曾遇到过的“神经症也挑人”这一问题，使父母情结本身失去了其一切病因学意义，他后来把研究转向了做出反应的个体及其特有的气质倾向性格。

尽管弗洛伊德对这个问题的解答让我非常不满意，但我自己也回答不了这个问题。事实上，我认为，现在提出“神经症也挑人”这个问题，时机尚不成熟。在我们设法回答这个极其困难的问题之前，必须先对个体做出反应的方式有更多的了解。问题是：一个人在遇到障碍时会做出怎样的反应呢？例如，我们来到河边，河上没有桥。河流太宽，我们跨不过去，因此必须跳过去。要达到此目的，我们必须启动一个复杂的功能系统，即心理动力系统（psycho-motor system）。这个系统已经发展得非常完善，只需要将它启动便可。但在启动它之前，会发生某种具有纯粹心理性质的事件，也就是说，我们已经决定了接下来要做什么。此后的活动便是选择以某种方式来解决问题，而这就因人而异了。但重要的是，我们极少把这些事件视为某种特征，因为我们通常根本看不到我们自己，或者只是到了最后才看到自己。也就是说，就像心理动力装置可以自动地为我们所用一样，我们在做决定时也有一个专门的心理装置可供使用，这个装置也是通过习惯发挥作用的，因此也是无意识的。

至于这个心理装置是什么样子的，大家的看法则莫衷一是。唯一可以确定的是，每一个个体都有其惯常使用的做出决定、处理困难的方式。有人可能会说，他之所以跳过小河，是因为觉得好玩；另一个人则说是因为别无选择；第三个人说，他所遇到的每个障碍都是挑战，他要克服这些障碍；第四个人之所以没有跳过小河，是因为他不喜欢徒劳无功的尝试；而第五个人之所以无动于衷，是因为他没有感觉到有要去对岸的迫切需要。

我特意选择这样一个普通的例子，是为了说明这些动机看起来是多么的毫不相干。事实上，它们看起来确实非常微不足道，以至于我们经常将它们全部推到一边，而倾向于用我们自己的解释来取而代之。然而，正是这些不同的方式为我们提供了宝贵的洞察力，让我们得以洞悉每一个个体的心理适应系统。如果我们在其他生活情境中考察那个因为觉得好玩而跳过小河的人，我们很可能就会发现，他做或不做一件事情，在很大程度上要看那件事能给他带来多少快乐。我们观察到，那个因为别无他法才跳过小河的人在生活中往往也十分谨慎，总是不能果断地做出决定。在所有这些情况下，都有特定的心理系统随时处于一种马上就可以执行决定的状态。我们很容易就可以想象出无数种这样的态度。这些态度的变化形式显然数不甚数，就像水晶一样变化多端，但尽管如此，我们仍可以辨认出它们属于哪个系统。但是，就像水晶会表现出一些相对简单的基本特征一样，个人的这些态度也会表现出某些特定的基本特性，我们能够根据这些基本特性将之分门别类。

从远古时代起，人们就一直反复尝试将个体分为各种类型，并因此达到化繁为简的目的。我们所知的最早尝试，是东方占星家设计出的有关风、水、土、火四种元素的所谓“三宫”（trigon）。在十二宫图中，风象宫由“属气的”三个星座组成，即水瓶座、双子座和天秤座；火象宫则由白羊座、狮子座和人马座组成。根据这种古老的观点，凡是生于这些星座的人，都具有某种共同的气性或火性，并显示出相应的气质特征和命运。这种古老的星象体系孕育了古代的生理类型理论，按照这种类型理论，四种气质与四种体液一一对应。这四种气质最初用黄道十二宫来表示，后来借用了希腊医学中的生理学术语把它们分成了黏液质（phlegmatic）、多血质（sanguine）、胆汁质（choleric）和抑郁质（melancholic）。这些只不过是用来表示假想中的体液的术语。众所周知，这种分类法持续了将近十七个世纪之久。至于占星学的类型理论，让摆脱了迷信的人大感意外的是，它至今都没什么变化，甚至成了一种新的时尚。

这种历史性回顾可以让我们头脑清醒地看待这一事实——我们在现代为创立某种类型理论而做出的努力绝不是什么创新或史无前例的，尽管我们的科学良心不再允许我们用那些古老的、凭直觉的方式来处理这个问题。对于这个问题，我们必须找到自己的答案——这是一个符合科学要求的答案。

就是在这里，我们遇到了有关类型问题的主要困难——也就是，标准或准则的问题。占星学的标准很简单，它是根据星座来确定的。至于人类性格中的一些元素是怎样被归结到黄道十二宫和星座上去的，这一问题通常要追溯到蒙昧模糊的史前期，而且我们至今依然回答不了这个问题。希腊人按照四种生理气质进行分类，是以个体的外貌和行为为标准的，当今生理类型的划分情况也如此。但是，我们应该去哪里寻找一种心理类型理论的分类标准呢？且让我们再来看一看前面提到过的几个人横跨小河的例子。我们应该用何种方式、从何种角度对他们的习惯性动机进行分类呢？有一个人之所以跳过小河，是为了获得快乐，另一个人跳过小河，是因为如果不跳则更麻烦，第三个人之所以没有跳过小河，是因为他有其他的想法，如此等等。若要列举出各种可能性，那将会不胜枚举，而且，就分类的目的而言，也是毫无用处的。

我不知道其他人会怎样着手处理这一任务。因此，我只能告诉大家的是，我自己是怎样处理这个问题的，而且，我还必须接受他人的指责，说我解决问题的方式纯属我个人偏见的产物。实际上，这种指责完全正确，以至于我不知道应该怎样去反驳。或许我可以引用哥伦布的例子来宽慰自己：哥伦布凭借主观的假设（这是一种错误的假设）选取了一条被现代航海家所抛弃的航线，却发现了美洲新大陆。不管我们看到的是什么，也不管我们怎样去看，我们都只能用我们自己的眼睛去看。因此，一门科学绝不可能是由一个人创造的，而是由许多人共同创造的。个体只能贡献他自己的力量，正是从这个意义上，我才敢讲一讲我个人看待事物的方式。

我的职业常常迫使我不得不思考个体的特殊性。而且，很多年以来，我治疗了无数对夫妻，在治疗过程中，常常需要让丈夫和妻子各自的立场在彼此眼中变得合理起来，因此，我必须确立一些通用的真理。例如，我不知道自己说了多少遍这样的话："您看，您的妻子天性非常活泼，所以，您不能指望她的全部生活都以家务为中心。"这是一种类型理论的开端，是一种统计学上的真理：有的人天性积极活泼，也有的人天性消极被动。但这个陈旧的真理并不能让我满意。因此，接下来，我将试图说明，有些人习惯于思考，而有些人则不喜欢思考，因为我曾观察到，表面上天性消极被动的人，实际上并不是真的消极被动，而是习惯于事先多做一些考虑。他们通常会先考虑一下处境，然后再做出行动；而由于他们习惯于这样做，所以，当实际情况要求他们不假思索地立即行动时，他们总是会错失时机，因而经常被指责为消极被动的人。在我看来，那些无深谋远虑的人总是不假思索地跳入一种处境，很可能事后才发觉自己竟已陷入泥潭。正因为因此，他们才被称为"不喜欢思考的"（unreflective）人，而这种称谓似乎比"积极活跃的"（active）更为恰当一些。在有些特定的情况下，事先考虑（forethought）是一种非常重要的活动，这和某些场合下必须不计一切代价马上行动一样，都是合理的行动。但我很快发现，一个人表现出来的犹豫不决并非总是因为事先考虑，而另一个人表现出来的当机立断也不一定就是缺乏考虑。前者表现出来的犹豫不决往往产生于其习惯性胆怯，或至少是产生于一种类似于习惯性退缩的东西，就好像面对的是一项过于沉重的任务一样；而后者的立即行动，则常常是因为他在掌握客体方面所表现出来的自信而成为可能。基于这一观察，我这样系统阐述了这些典型的差异：有一类人，在某一特定情境中需要对某种情况做出反应时，一开始会先后退一步，就好像是说了一个无声的"不"字一样，之后他们才能够做出反应；而另外一类人，在同样的情境中，会立马做出反应，明显表现得非常自信，认为自己的行为无疑是正确的。因此，前一类人的特点是，与客体之间的关系是消极的；而后一类人的特点是，与客体之间的关系是积极的。

正如我们所知道的，前一类人对应的是内倾型态度，而后一类人对应的是外倾型态度。但是，这两个术语本身并没有多少意义，就好像莫里哀（Molière）笔下的布尔乔亚绅士（*bourgeois gentilhomme*）发现自己平常说话都像散文般优美也没有什么效果一样。只有当我们认识到某一类型所具有的其他所有特征时，这两类人之间的这些区别才有了意义和价值。

一个内倾或外倾的人，不可能在每一个方面都内倾或外倾。我们使用的“内倾”（introverted）这一术语的意思是，所有的心理事件都按照我们所假定的适用于内倾者的方式发生。所以，同样的道理，如果我们只是断定某个人属于外倾型，就像我们证明他身高一米八、他的头发是棕色的，或者他的头型比较圆一样，根本说明不了什么。这些话除了表达一些赤裸裸的事实外，其他的就什么都说明不了了。但是，“外倾”（extraverted）一词还包含更深远的意义。它的意思是，如果一个人属于外倾型，那么，他的意识和无意识就具有一些明确的特性，他通常表现出来的行为方式、他的人际关系，甚至是他的生活轨迹，都会表现出某些典型的特征。

内倾或外倾都是典型的态度，都意味着一种本质上的偏向，制约着整个心理过程，确立了习惯性的反应，因此，它们不仅决定了行为的风格，而且还决定了主观经验的性质。不仅如此，它们还预示了我们预期可以发现的那种无意识补偿活动。

一旦确定了习惯性的反应，我们便可以相当肯定我们已经切中了要害，因为习惯性反应一方面控制着外在的行为，另一方面也影响着特定的经验。一种特定类型的行为会带来相应的结果，对这些结果的主观理解会产生经验，而经验进而又会影响行为，这样一来，个体的命运便完成了一个循环。

尽管毫无疑问，我们涉及的习惯性反应是一个关键问题，但至于我们是否已经令人满意地说出了这些习惯性反应的特征，这仍然是一个微妙的难题。即使在那些同样谙熟这一特殊领域的人当中，有关这一点也存在着分歧。在我关于类型的著作《心理类型》（*Psychological Types*）[①] 中，我收集了所有能找到的可支持我观点的证据，但我也必须说清楚一点，即我并不是说我的理论是唯一正确或唯一可能的类型理论。我的理论非常简单，仅仅将内倾和外倾做了对比；但不幸的是，简单的理论最容易受到质疑。它们都能轻易地掩盖现实的复杂性，从而欺骗我们。我在这里是经验之谈，因为我刚刚把我第一篇关于类型构想的文章发表出来，就沮丧地发现，我不知怎么就被它给骗了。有什么地方出了问题。我曾试图用太过简单的方式来解释太过复杂的事物，就像有了新发现时经常发生的情况，即先让人狂喜，而后却发现什么地方出错了。

现在，让我印象深刻的是这样一个不可否认的事实，即虽然人可以归类为内倾者和外倾者，但这种区分并没有涵盖这两种类型中同属一个类型的人之间的全部区别。事实上，同属一种类型的人之间的区别如此之大，以至于我不得不怀疑我一开始的观察是否准确。我差不多用了十年的时间去观察和比较，才消除了这个疑虑。

这两种类型中同属一个类型的人之间也存在很大的差异，这个问题让我陷入了始料未及的困难之中，有很长一段时间，我都无法克服这些困难。观察和识别这些差异，相对来说并没有给我带来多少麻烦，现在我所面临的困难的根源，一如既往，还是准则的问

① *Psychological Types*，Kegan Paul，Trench，Trubner & Co.，London.

题。我该怎样找到正确的术语来描述这些独特的差异呢？在这个问题上，我第一次充分地认识到，心理学实际上是一门多么年轻的学科。心理学至今依然只不过是一堆武断而混乱的观点，其中大部分是从书房、咨询室以及博学多才的学者们的大脑中自发产生的观点。我无意冒犯，但还是忍不住奉劝心理学教授，也要去看看女性的心理、中国人的心理以及澳大利亚土著的心理。我们的心理学必须囊括所有的生命，否则，我们将完全停留在中世纪的封闭状态。

我已经认识到，在当代心理学的混乱状态中是找不到合理的分类标准的。我们必须制定标准——当然不是凭空制造，而是建立在很多先辈所做的宝贵准备工作的基础之上，这些先辈的名字将永远出现在心理学的历史中。

我通过观察，挑选出了一些心理功能作为分类标准，以区分我们所讨论的各种差异，但由于篇幅所限，我不可能一一列出所有的观察。我只想在我所能掌握的范围内，讲述我对它们的理解。我们必须认识到，一个内倾型的人在客体面前并不是简单地表现出退缩和犹豫不决，相反，他的行为方式是非常确定的。除此之外，他的行为并不是在所有方面都与其他内倾者有同样的表现，他们都有自己特殊的行为方式。就像狮子通常都是用它力量最为充沛的部位——前爪，而不是像鳄鱼用尾巴去袭击敌人或者猎物一样，我们的习惯性反应也往往具有同样的特点，即运用我们最为信赖、最为有效的功能，那是我们力量的表现。不过，这并不能阻止我们在做出反应时偶尔也会暴露出特定的弱点。由于一种功能占据支配地位，它会导致我们去建构或者寻找某些情境，而避开其他一些情境，因此，我们就获得了自己所独有的、不同于他人的经验。一个聪明的人会凭借自己的智慧去适应世界，而不是像一个不入流的拳击手那样去适应社会，虽然他偶尔一时气愤也可能会用到自己的拳头。在为生存和适应而展开的斗争中，每个人都会本能地利用自己发展得最为完善的功能，而这个功能因此也就成了他的习惯性反应的准则。

现在，问题就变成了这个：怎样才能将所有这些功能归纳成一般的概念，以便从纯粹偶然事件的混乱状态中将它们区别出来呢？在社会生活中，这样一种粗略的分类老早以前就产生了，因此，我们便有了农民、工人、艺术家、学者、士兵等职业类型的划分。但是，这种类型划分与心理学几乎没什么关系，因为——就像一位著名学者曾说过的一句恶意的话——博学之士只不过是“知识的搬运工”。

类型理论必须更加细致。例如，只谈聪明是不够的，因为聪明这个概念太过笼统，也太过模糊。任何行为，只要进行得顺利、迅速、有效并且符合目的，几乎都可以用聪明来形容。聪明和愚蠢一样，都不是一种功能，而是一种形态（modality）；这个术语只能告诉我们一种功能是怎样发挥作用的。道德标准和美学标准也同样如此。我们必须指出，在个体的习惯性反应中最主要的功能是什么。因此，我们不得不求助某种一眼看上去与 18 世纪古老的官能心理学（faculty psychology）非常相似的东西；但实际上，我们只是将流行的观念放回到了日常交流中，每个人都能接触到它，也完全可以理解它。例如，当我说“思考”时，大概只有哲学家会听不懂我说的是什么意思；普通人都知道是什么意思。人们每天都在用“思考”这个词，而且都是在同样的普遍意义上使用这个词，尽管如果你突然让他说出“思考”这个词的确切含义的话，他确实会觉得十分尴尬。“记忆”和“感觉”这些字眼也是如此。不论用科学方法给它们下定义并使其成为心理学的概念有多么困难，它们在日常交谈中都很容易理解。言语（speech）是一个意象库，它建立在经验之上，因此，太过抽象的概念不容易在里面扎根，也不会因为缺乏与现实的接触而再一次消亡。但是，思考和感觉如此真实，以至于每一种超过原始水平的语言里都有准确无误的词来表达它们。因此，我们可以肯定，这些表达与完全确切的心理事实相吻合，而不管给这些复杂的心理事实所下的科学定义是什么。例如，虽然科学至今还远远不能给“意识”下一个令人满意的定义，但我们每一个人都知道意识是什么，而且没有人会怀疑这一概念涉及一种明确的心理状况。

因此，我仅仅是从日常用语中所表达的概念出发，形成了我自己的有关心理功能的概念，然后以它们为标准，来判断同一态度类型的人之间存在的差别。例如，我是根据人们通常所理解的方式来看待思考（thinking）的，因为我发现了这样一个事实，即有许多人习惯性地比其他人思考得更多，相应地，他们在做重要决定时也会更加深思熟虑。此外，他们还会利用思考来理解和适应世界，不论遇到什么事，他们都会认真思考和反思，或者他们至少会将其经过充分考虑而得出的原则作为行事的准则。而另外一些人，则明显地忽略了思考，看重情绪因素，即情感（feeling）。他们坚定地遵循着情感所制定的“政策”，只有在极少数非同寻常的状况下才会思考。这一类人与前一类人形成了明白无误的对比。如果这两类人成了生意伙伴或者结为了夫妻，这种对比就会格外突出。不论是外倾型的人还是内倾型的人，都可能偏爱思考，不过他们所采用的思考方式总是带有其态度类型的特征。

不过，就算某种功能占据了主导的地位，也往往还是不能解释我们所发现的所有差异。我称之为思考型和情感型的两类人也有一些共通之处，而对于这些共通之处，我只能用理性（rationality）一词来表示。思考从本质上说是理性的，没有人会反对这样一种论断；但一谈到情感，就会有一些不同的意见，而我不想简单地否定这些不同意见，相反，我会坦然承认，我一直为了这个有关情感的问题而绞尽脑汁。不过，为了避免让此文充斥太多有关情感的现存定义，我在此将讨论的范围局限于只简要阐述我自己的观点。主要的困难在于这样一个事实："情感"一词的使用方式有很多种。在德语中尤其如此，英语和法语中也在某种程度上存在这样的现象。因此，首先我们必须仔细地区分情感和感觉（sensation）这两个概念，后者指的是感觉过程。其次，我们必须认识到，一种悔恨的情感与一种觉得天气将要发生变化或者我们持有的铝矿股票将会上涨的"感觉"，是完全不同的。所以，我提出，将"情感"一词用在第一个例子上，而在另外两个例子中——就心理学的术语而言——则不应该用"情感"一词。在后两个例子中，当涉及感觉器官时，我们应该用"感觉"一词，而当涉及某种无法直接追溯至有意识感觉经验的知觉时，则应该用"直觉"（intuition）一词。因此，我把"感觉"定义为通过有意识感觉过程获得的知觉，而把"直觉"定义为通过无意识的内容和联结得到的知觉。

显然，如果要对这些定义中到底哪一个才是合适的问题进行争论，可能争辩到世界末日那天也没有结果，而这种争论终究也只涉及术语本身的问题而已。这就好像是我们在争论究竟应该把某种动物称为美洲豹还是山狮，其实我们只需要知道这个词意指何物就足够了。心理学是一个尚未开发的研究领域，我们必须首先将它所采用的特定语言固定下来。我们都知道，温度可以用列氏度、摄氏度或者华氏度来测量，但我们必须说明我们所使用的是哪一种标准。

这样一来就清楚了，我把情感本身当做一种功能，它不同于感觉和直觉。凡是狭义地把情感和感觉、直觉混为一谈的人，都显然不会认为情感是理性的。但如果把情感与感觉、直觉区分开来，我们就可以清楚地看到，情感价值和情感判断——也就是，我们的情感——不仅是有理性的，而且和思考一样具有识别力、符合逻辑且前后一致。对于一个思考型的人来说，这样的说法可能有些奇怪，但只要我们认识到了下面一点就能理解这种说法，即一个思考功能出众的人，其情感功能往往较不发达、比较原始，因此容易与其他功能相混——而这些其他功能往往是非理性的、没有逻辑、缺乏判断，也就是感觉和直觉。感觉和直觉就其本质而言，与理性功能相反。我们在思考的时候，往往是为了做出判断或者得出结论，而当我们产生情感时，则往往是为了给某种事物附加上一种恰当的价值；而另一方面，感觉和直觉则是知觉性的——通过它们，我们便得以知晓发生了什么事情，但并不对其加以解释或评价。它们并不依照某些原则有选择地发挥作用，而仅仅只是感知正在发生的事情。而“正在发生的事情”完全是自然的，因此，它本质上是非理性的。没有哪种推理模式能够证明就是存在这么多行星，或者就是存在这么多的这种或那种温血动物。缺乏理性是一种缺陷，需要思考和情感来补偿——而理性也是一种缺陷，需要感觉和直觉来补偿。

很多人的习惯性反应都是非理性的，因为这些反应的基础主要是感觉或直觉。他们无法同时既以感觉为基础，又以直觉为基础，因为感觉和直觉就像思考和情感一样，也是对立的。当我试图用自己的眼睛和耳朵去弄清楚到底发生了什么事情时，我无法同时诉诸梦和幻想去探究偏僻处还隐藏了些什么。这正是直觉型的人的做法，他们必须这样做是为了让无意识或客体自由地发挥作用。因而便很容易看出，感觉型与直觉型是两种截然相反的类型。遗憾的是，我在此无法一一列举非理性类型之中外倾型和内倾型之间的有趣差异。

相反，我倒想补充说明一下，当一种功能受到偏爱时，对其他功能通常会产生什么影响。我们知道，人非万能，永远不可能做到十全十美；他获得某些品质，是以牺牲其他品质为代价的，他永远不可能是完美的。但那些没有通过训练得到发展、没有在日常生活中有意识地加以运用的功能又会怎样呢？它们或多或少会依然会停留在一种原始、幼稚的状态，经常只是半意识的，甚至是无意识的。这些相对不发达的功能构成了每一种类型所特有的劣势，它是整体性格必不可少的一部分。凡是片面强调思考功能的，其情感方面的功能必定处于劣势，而分化了的感觉和直觉之间也会相互损害。一种功能是否被分化了出来，很容易从其强度、稳定性、一致性、可靠性，以及在适应方面的作用中判断出来。但是一种功能是否处于劣势，通常就不太容易描述或者辨别了。一个根本的判断标准是，处于劣势的功能往往缺乏独立性，因而需要依赖于他人和环境。此外，它还会使我们喜怒无常和过分敏感，它不可靠且模棱两可，而且，它还常常使我们容易受到暗示。我们在运用处于劣势的功能时，总是处于不利地位，因为我们不能掌控它，事实上甚至还会沦为它的牺牲品。

由于我在此只能简略地介绍一种心理学类型理论的基本观点，因此很遗憾，我不能根据这种理论对个体的特征和行为进行详尽的描述。到目前为止，我在这个领域所取得的全部研究成果，便是提出了两种一般类型，包括我称之为外倾型和内倾型的两种态度。除此之外，我还提出了一种包括四个元素的分类方法，与思考、情感、感觉和直觉这四种功能相对应。这四种功能因其一般态度有内倾和外倾之别，因此就产生了八种变体。有人曾以责备的口吻问我，为什么我提出的是四种功能，而不是更多或者更少呢？因为经验事实告诉我，功能就只有这四种。但正如下面的考虑所表明的，这四种功能实现了某种完整性。感觉确立了事实，思考让我们得以知晓其意义，情感告诉我们其价值，最后直觉表明了眼前事实背后可能存在的来龙去脉。这样一来，我们就能像用经度和纬度确定某个地点的地理位置一样，完整地确定自己在当前世界中的方位。这四种功能有点像罗盘上的四个点；它们和这四个点一样随意但又不可或缺。没有什么东西可以阻止我们转动这些方位基点（cardinal point），我们可以任意地转动方向和度数，而且，也没有什么东西可以阻止我们给它们取不同的名字。这只不过是一个习惯和理解的问题而已。

但有一件事我必须承认：在心理学研究的旅程中，我是无论如何也不会放弃这个罗盘的。这并不仅仅是出于这样一个明显的、过于人性的原因，即每个人都钟爱他自己的观点。我之所以重视我的类型理论是有客观原因的，那就是：它能够提供一个用于比较和定位的体系，从而使得长期以来一直缺乏的一种批判心理学成为可能。

第五章 人生的阶段

探讨与人生发展阶段有关的问题是一项艰巨的任务，因为它意味着要展开人类从出生到死亡的整个心理生活的画面。在本章有限的框架之内，我只能勾勒出这个画面的大致线条，而且请大家务必理解一点：我们本章的描述不涉及各个阶段所发生的正常心理事件。相反，我们会仅局限于处理一些特定的“问题”，也就是，处理那些困难的、有疑问的或者模棱两可的问题；总之，我们所讨论的问题的答案不止一个——而且，这些答案总是容易受到质疑。因此，对于这其中的许多问题，我们都要在脑海里给它们加上一个问号。而且，更糟糕的是，有些事情，我们必须不加怀疑地接受，而有些事情，我们却必须不时专心致志地进行猜测。

如果心理生活只是由一些外显的事件构成——在原始水平上，情况就是如此——那我们只需坚信经验主义就可以了。但是，文明人的心理生活却充满了各种问题，我们甚至只能从问题着手对其进行思考。我们的心理过程在很大程度上是由反思、怀疑和试验构成的，而对原始人无意识的、直觉的头脑来说，这一切几乎完全是陌生的。文明人之所以有这些问题的存在，当归因于意识的发展，问题是文明送给我们的一件可疑的礼物。人类正是因为偏离了本能——人类让自己与本能相对抗——才创造了意识。本能是自然的，它所追求的目的是使自然长存，而意识却只能寻求文化或否定文化。甚至当我们在卢梭式渴望的启发之下回归自然时，我们也是在“教化”自然。只要我们沉浸于自然之中，我们就仍然处于无意识的状态，也仍然生活在不知问题为何物的本能的庇护之下。我们身上所有仍属于自然的部分都在回避问题，因为问题就是疑云，疑云笼罩之处，便是不确定性和可能发生分歧的地方。当有几条路都可行时，我们就会偏离本能所提供的确定指导，而陷入恐惧之中。因为此时需要意识来做自然一直为她的子孙们所做的事情——做一个确定的、不容置疑的、毫不含糊的决定。在这里，我们被一种过于人性的恐惧包围着，担心意识——我们所谓的普罗米修斯式的征服——可能最终也无法取代自然来为我们服务。

这样一来，这些问题便将我们带入了一种孤立无援、与世隔绝的境地，我们被自然抛弃，被驱赶到了意识的领域。现在，我们不得不依靠意识来做出决定、解决问题，而在以前，我们信任的则是自然事件。因此，每一个问题都可能拓宽意识的范围，但另一方面，也需要我们告别幼稚的无意识以及对自然的信任。这种需要是一个非常重要的心理事实，以至于它成了基督教必不可少的象征性教义之一，即纯粹的自然人的牺牲——无意识的、天真朴实的人由于偷吃了伊甸园里的苹果而开始了他悲惨的命运。《圣经》中有关人类之堕落的记载，表明意识的启蒙是一种诅咒。事实上，我们起初正是从这一视角来看待问题的：每一个问题都迫使我们拥有更多的意识，使我们离无意识的童年乐园越来越远。我们每一个人都想逃避自己的问题；如果可能的话，人们压根不想提起，或者甚至否认这些问题的存在。我们希望自己的生活简单、确定、顺利，因此，问题便成为了禁忌（*tabu*）。我们选择确定的事物，而不要任何有疑问的事物——只要结果，不要试验——我们甚至没有看到，只有通过怀疑才能获得确定性，只有通过试验才能获得结果。人为地否认问题的存在并不能带来确定感；相反，要想获得我们所需要的确定感和清晰感，则需要一种更为广泛、更为高级的意识。

这段引言虽然比较长，但在我看来，为了搞清楚我们这个主题的性质，却很有必要。当必须处理某些问题时，我们会本能地拒绝走那条需要穿过黑暗和模糊的路。我们只想听到毫不含糊的结果，而全然忘记了我们只有冒险进入黑暗，然后再从黑暗中走出来才能获得结果。但是，要穿过黑暗，我们必须唤起意识所能提供的全部光明力量；就像我前面所说的，我们甚至必须任凭自己沉溺于猜测之中。因为在处理心理生活的问题时，我们会不断地遇到不同知识分支之私人领域的原则问题。我们常常会打扰并且激怒神学家、哲学家、医生和教育家，我们甚至会在生物学家和历史学家的领域中摸索前行。我们之所以做出这种过分的行为，不是因为傲慢自大，而是因为人的心理是各种因素的独特组合，而这些因素同时也是各个领域专门研究的主题。人类正是通过其自身以及自身的独特构造创造了科学。这些科学便是其心理的表征。

因此，如果我们自问这样一个不可回避的问题——“为什么跟动物世界明显不同的人类会有问题？”——那么，我们就会陷入那个若干世纪以来成千上万个智慧的头脑也没有解开的结。我不会像西西弗斯（Sisyphus）那样在这个混乱的杰作上做无用功，而只是在人类尝试回答这个问题的过程中，努力将我的答案提供给读者以作参考。

没有意识，就没有问题。因此，我们必须以另一种方式提这个问题：意识是怎样产生的？没有人可以给出确切的答案，不过，我们可以通过观察处于意识形成阶段的小孩来寻找答案。只要留心，每一个家长都会看到这一点。我们所能观察到的是：当小孩能够辨认（recognize）某人或某物时——当他能够“认识”（know）某个人或某样东西时——我们就会觉得这个小孩开始有意识了。毫无疑问，这正是伊甸园中的智慧之树会结出如此致命的果实的原因所在。

但是，这个意义上的辨认或认识又是什么呢？当我们成功地把一种新的知觉与一个已经确立的情境联系起来，并且将这种新的知觉和情境都保存在我们的意识之中时，我们就说“认识”了某样事物。所以，“认识”是建立在心理内容之间的有意识联系之上的。我们无法认识毫无关联的内容，甚至意识不到它们。因此，我们所能观察到的意识的第一个阶段，是将两个或更多的心理内容联系起来。在这个阶段，意识仅仅只是断断续续的，仅限于少数几种联系的表象，而且此后这些内容也不会存在于记忆中。事实上，在生命最初的几年，是没有什么连续的记忆的，至多存在一些记忆的孤岛，它们就像无边黑暗中的一盏盏孤灯或发光物。但是，这些记忆孤岛与心理内容那些最初的联系已经不是一回事了，它们所包含的内容更多、更新。这些内容非常重要，正是这一系列相互联系的内容，构成了所谓的“自我”（ego）。自我在很大程度上就像最初的一系列内容，是意识中的一个客体，正因为如此，儿童最初总是用客观的方式称呼自己，也就是用第三人称。只有到了后来，当自我的内容充满了属于它们自己的能量时（这很可能是练习的结果），主观的感觉，或者说“我性”（I-ness）才会产生。毫无疑问，从这一刻起，儿童便开始用第一人称来称呼他自己了。在这个阶段，连续的记忆也开始出现。因此，从本质上说，连续的记忆是一种连续的自我记忆。

在意识尚处于孩童阶段时，还没有出现问题；任何事情都还不能依赖于主体，因为儿童自身此时还仍完全依赖于其父母。这就好像是儿童此时还没有完全出生，他仍然被包围在父母心理氛围之中。心理上的出生，以及随之而来的将自我与父母有意识地区分开的过程是正常的发展过程，一般发生在青春期，并伴随着性生活的突然出现。生理上的变化通常伴随着心理上的剧变。因为身体的各种症状非常强调自我，以至于它常常毫无节制或不顾一切地表现出来。因此，这个时期有时候被称为“让人无法忍受的年纪”（the unbearable age）。

在青春期之前，个体的心理生活基本上被冲动所控制，很少或者完全不会遇到什么问题。甚至当外在限制与主观冲动发生冲突时，这些限制也不会让个体与其自身相矛盾。他要么屈从于这些限制，要么绕过它们，始终与自己保持一致。他此时还不了解问题所带来的那种内心紧张的状态。只有当外在限制变成内在的障碍时，也就是一种冲动与另一种冲动发生冲突时，内心的紧张状态才会出现。如果采用心理学的术语，我们可以这样说：这种由于某个问题的存在而引发的状态——也就是与自我不一致的状态——是在一系列的自我内容与另一系列同样强度的内容同时产生时出现的。这第二个系列的内容由于它所具有的能量价值，从而与自我情结在功能上具有同等的重要性，我们可以称之为另一个自我或第二个自我，在某些特定的情况下，它可以从第一个自我手里夺过主导权。这便造成了与自己的疏离——这种状态就预示着问题要出现了。

综上所述，我们可以概括如下：意识的第一个阶段由辨认或“认识”构成，是一种无序或混沌的状态。第二个阶段，即自我情结发展的阶段，是一个独裁的或一元化的阶段。在第三个阶段，意识又向前迈进了一步，它包括对自身分裂状态的认识，这是一个二元化的阶段。

到这里，我们才开始进入实际的主题，也就是人生阶段的问题。首先，我们必须讨论青年时期（the period of youth）。它的大致范围是从青春期一直延伸到中年（开始于35岁到40岁之间）。

有人可能会问，为什么我要选择从人生的第二个阶段开始呢？难道就没有与童年时期相关的困难问题吗？对于父母、教育工作者和医生来说，儿童复杂的心理生活当然是一个具有第一重要性的问题；但是在正常情况下，儿童并没有真正属于他自己的问题。只有当一个人长大了，他才有可能对自己产生怀疑，与自己发生分歧。

对于青年时期所出现的各种问题的根源，我们都已经了如指掌。对大多数人来说，问题起源于生活的需要，这些需要匆忙地终结了童年的梦想。如果个体做好了充分的准备，那么，其向职业生涯的转变可能就会比较顺利。但是，如果他紧紧地抓着那个与现实相矛盾的幻想不放，那么，问题肯定就会出现。没有哪个人在生活的过程中不做一些假设——有时候这些假设是错误的。也就是说，这些假设可能并不符合个体所处的情境。于是，问题往往就会出现，比如期望过高，低估了困难，盲目乐观或者态度消极，等等。我们可以列出许多引发了最初的意识问题的错误假设。

但是，导致问题出现的，并非总是主观假设与外界事实之间的冲突，很多时候，也有可能源于内在的心理失调。即使当外部世界中的一切都很顺利的时候，问题也可能存在。干扰心理平衡的通常是性冲动；同样，由于难以忍受的敏感而产生的自卑感也常常会干扰心理平衡。甚至在无须费力便能适应外部世界的时候，这些内在的困难也可能存在。这就好像是那些不得不为生存而奋力挣扎的年轻人往往可幸免于内在的问题，而那些由于某种原因而很容易适应外部世界的年轻人，却常常会因其自卑感而遭遇性或冲突的问题。

那些自身气质就会带来问题的人，通常是神经质的，但如果把存在的问题与神经症混为一谈，那就大错特错了。这两者之间有一个明显的区别：神经症患者之所以生病，是因为他意识不到自己的问题；而那些气质会带来问题的人并没有生病，他只是因为意识到了自己的问题而备受折磨。

我们发现青年时期有着无穷无尽的个人问题，如果试着从中提取出一些共同的必要因素，那么，我们就会看到，几乎所有案例都有一个特征：他们或多或少都会明显地固着于童年时期的意识——表现出一种对命中注定的力量的反叛，而这种力量无处不在，试图将我们卷入这个世界之中。我们内心有某种东西希望我们依然还是个孩子；它希望我们是无意识的，或者最多只能意识到自我；它希望我们拒绝一切陌生的东西，或者至少让它顺从于我们的意志；它希望我们什么也不做，或者无论如何都要沉溺于追逐快乐或权力的渴望。在这种倾向中，我们观察到了一些类似于物质惯性的东西；与二元化阶段相比，它要保持迄今为止的状态，即它的意识水平更低、更狭窄、更自我。因为在二元化阶段中，个体往往发现自己被迫要承认和接受一些不同的、陌生的东西，并把它们当成自己生活的一部分，就好像是把它们当成“另一个我”（also-I）。

二元化阶段的本质特征是生活范围的扩展，而个体对此是抵制的。诚然，这种扩展——或者用歌德的话说，这种舒张（*diastole*）——早在二元化阶段之前很久就开始了。它开始于个体出生的时候，当时，婴儿放弃了母亲子宫的狭窄限制；从那时起，它便日渐成长，直至达到某个临界点，在这个临界点上，个体被各种问题所困扰，于是便开始抵制它。

如果一个人把自己变成不一样的、异质的“另一个我”，并让早先的那个自我消失在过去，那么，在他身上会发生什么事情呢？我们可以认为，这是一个非常切合实际的过程。从布道时所说的要抛弃以前的亚当到原始民族的再生仪式，所有宗教教育的根本目的，都是要把人改造成一个崭新的、活在未来的人，并让旧有的生活形式逐渐消失。

心理学告诉我们，从某种意义上说，心理中没有什么东西是陈旧的，没有什么东西能真正、彻底地消失。就连圣保罗，也有一根刺留在了他的肉体里。凡是想让自己免于接触新奇陌生的东西而退回到过去的人，与那些认同新的东西而背离过去的人一样，都会陷入同样的神经症状况。他们之间唯一的区别在于，一个人疏离了过去，另一个人则疏离了未来。从原则上说，他们都是在做同一件事情：紧紧抓着一种狭窄的意识状态不放。解决的办法就是利用对立物的活动中所固有的张力——存在于二元化阶段中——来打破这种狭窄的状态，从而建立起一种更为广阔、更为高级的意识状态。

如果在人生的第二个阶段就能有此结果，那这个结果将是很理想的——但难就难在这里。首先，自然丝毫不在乎更高水平的意识。其次，社会也并不认为心理的这些技艺有多么重要的价值；社会所褒奖的对象始终是成就，而不是人格——在大多数情况下，后者（即人格）只有在人去世后才会受到赞赏。既然如此，一种解决这个困难的特殊方法就变得具有了强迫性：我们被迫要限制自己去做那些力所能及的事情，被迫将我们的特殊才能区分开来，因为只有这样，有能力的个体才能发现他的社会存在。

成就、有用等是我们的理想，它们似乎可以引导我们走出各种问题所造成的混乱局面。在扩展和巩固我们的心理存在的冒险过程中，它们可能就是我们的北极星——帮助我们在这个世界上扎根；但是，它们却不能引导我们发展出那种我们称之为文化的更为广泛的意识。无论如何，在青年时期，这样的过程都是正常的，而且在任何情况下，它都比陷入杂乱无章的问题中翻来覆去要好得多。

因此，这个两难问题通常是这样解决的：过去所给予我们的一切都要适应于未来的可能性和要求。我们若限制自己只做那些力所能及的事情，那就意味着放弃了其他的一切潜能。有的人会失去一部分有价值的过去，有的人则会失去一部分有价值的未来。每个人都能回忆起这样一些朋友或者同学：他们曾是很有前途、很有理想的年轻人，但若干年以后再遇到时却发现，他们似乎已经江郎才尽，被束缚在了一个狭窄的空间中。这些便是上面所列举的解决办法的例子。

然而，人生中的重要问题永远都不能彻底解决。如果什么时候它们看似完全解决了，那么这只是一个迹象，说明有什么东西被遗漏了。问题的意义和目的似乎并不在于其最终的解决，而在于我们不断地去解决它这个过程。单是这一点，就能使我们免于头脑愚钝和僵化。对于青年时期的问题（即限制自己只做那些力所能及的事情）的解决来说，也是一样的；从更深的意义上说，这种解决只是暂时有效，但不能持久。当然，为自己在社会上赢得一席之地，从而转变自己的天性，使之或多或少适合于这个存在，在任何情况下都是一项重要的成就。这不仅是一场外部的斗争，也是一场内在的斗争，可与儿童为保卫其自我而进行的斗争相媲美。我们必须承认，这场斗争有很大一部分是观察不到的，因为它在暗中进行；但是，当我们看到有些人在以后的岁月里依然固守着幼稚的幻想、预设和自我中心的习惯时，我们就能意识到，这场斗争消耗了他们多少能量。那些在青年时期引导我们走进生活的理想、信念、价值观和态度（我们为了它们而奋斗、受苦，最终获得了胜利）已经成为我们自身存在的一部分，我们似乎变成了它们，于是我们便兴高采烈地允许其永远存在，视之为天经地义的事情，就像孩子在面对世界时会不顾自己——甚至有时候会恶意地对待自己——来维护其自我（ego）一样。

我们离中年越近，就越能成功地牢固确立我们的个人立场和社会地位，也就好像越能够找到正确的道路、正确的理想和行为准则。因此，我们便把它们当成了永远有效、一成不变的东西，紧紧抓着它们不放，并把这些行为视作一种美德。我们完全忽视了这样一个基本的事实，即获得社会奖赏的成就往往是以个性的萎缩为代价而赢得的。生活中有许多，或者说太多本应该也要去体验的方面，却与许多尘封的记忆在一起，被丢在了废旧物品储藏室。有时候，它们甚至成了灰烬下面燃烧着的煤炭。

统计表显示，在40岁左右的男性中，精神抑郁症的发病率有所上升。而对于女性而言，神经性障碍出现的时间通常要早一些。我们看到，在生命的这个阶段——35岁到40岁之间——酝酿着人类心理的一次重大改变。起初，这个改变是无意识的，也不明显；更确切地说，它只是一些间接的迹象，表明有一种改变似乎要从无意识中产生。通常情况下，它就像是一个人的性格所发生的缓慢的改变；在另一种情况下，某些在童年时期便已消失的特征可能又会出现；又或者，某些倾向和兴趣会逐渐变弱，而其他的倾向和兴趣则取而代之。此外，我们还经常可以看到，一些迄今为止一直被接受的信念和原则——尤其是道德方面的原则——开始硬化，而且变得越来越僵化，到50岁左右，这种状况会达到一种让人无法忍受的狂热境地。这就好像是在这个时候，这些原则的存在受到了威胁，因此有必要予以格外的强调。

青春之酒并非总是随着年龄的增长而变得越来越清醇，而是常常会变得越来越浑浊。上面所提到的所有表现，在偏激的人身上看得最为清楚，它们或迟或早都会显现出来。在我看来，如果一个人的双亲一直健在，它们出现的时间往往就会迟一些。这就好像是这个人的青年期被不适当地延长了。在那些父亲长寿的男性病人身上，我尤其看到了这一点。因此，父亲的死亡会导致过于匆忙的——几乎是灾难性的——成熟。

我认识一位极为虔诚的教会执事，他从40岁起便开始对道德和宗教方面的问题表现得越来越不宽容，最后到了让人无法忍受的地步。与此同时，他的性情也变得越来越差。最后，他完全变成了一根在黑暗中慢慢倒下的“教会支柱”。他就这样到了55岁，有一天晚上，他突然从床上挺身坐了起来，对他的妻子说：“现在，我终于明白了！事实上，我就是一个地道的恶棍。”这种自我认识并非没有效果。到了晚年，他便过起了非常放纵的生活，挥霍掉了自己的大部分财产。显然，他是一个“可爱”的人，能够从一个极端走向另一个极端。

成年期常见的神经性障碍有一个共同的特征：它们总是掩饰不住想延长青年时期的心理倾向，使其越过所谓的懂事年龄（years of discretion）的门槛。我们都见过那些令人同情的老先生，他们必须天天拿着学生时代的旧事炒冷饭，就好像只有通过回忆年轻时的辉煌事迹，才能重新燃起生命的火焰一样——而在其他时候，他们则只是一个无望而麻木的市侩老人。当然，他们通常拥有一个不容低估的优势：他们不会患上神经症，而只是令人生厌、拘泥不化罢了。相反，会患上神经症的是另外一种人，他们不喜欢当下的每一件事，因此也永远不能享受过去。

正如之前青年时期的神经症患者无法逃避童年一样，中年期的神经症患者也无法逃避他的青年时代。他在人之将老的灰色想法面前常常会退缩，而且，他觉得摆在面前的这种前景令人难以忍受，于是，他总是拼命地追忆过往。就像一个充满孩子气的人在面对未知的世界或人时会退缩一样，成年人也常常在人生的后半段面前退缩。就好像是要他去完成一项未知而又危险的任务；或者好像是他受到了威胁，要他付出他不想承受的牺牲和损失；又或者好像对他来说，迄今为止的生活是那样美好和珍贵，因此他无论如何都不能失去它一样。

是不是从根本上讲这只不过是对死亡的恐惧呢？在我看来，这种可能性不大，因为在这个时候死亡通常还很遥远，因此往往被看作一个多少有些抽象的概念。相反，经验告诉我们，这一转变过程中所遇到的所有困难的基础和原因，都包含在心理内部深刻而特殊的变化之中。为了描述它的特征，我得拿太阳每天的运行轨迹来打个比方——不过这个太阳被赋予了人类的情感和有限的意识。早晨，太阳从无意识的夜间海洋中升起，放眼这个展现于眼前的宽阔且明亮的世界，随着太阳在天空中升得越来越高，世界也变得越来越宽阔。随着太阳不断升高，其活动范围也不断扩展，在这个过程中，它将发现自己存在的意义；它把上升到最高点——在最大范围内洒下恩泽——当成其目标。怀着这样一种信念，太阳开始追寻其通往顶点的无法预见的旅程；之所以无法预见，是因为太阳的旅程是独一无二的、个体化的，因而其最高点无法提前计算出来。在正午的钟声敲响之时，太阳便开始下降。下降意味着上午所珍视的一切理想和价值观开始出现逆转。太阳陷入了自我矛盾之中。这就好像是太阳应该吸收光线，而不是放射光线。光和热开始慢慢变弱，最终彻底消失。

所有这些比方都相当蹩脚，但至少不会比别的比方更加蹩脚。有一句法国谚语以一种听天由命又玩世不恭的口吻总结道："愿年轻人有智慧，老年人有精力。"

幸运的是，我们人类并不是朝升夕落的太阳，否则，就会对我们的文化价值观很不利。但是，我们身上确实存在一些类似于太阳的东西；所以，我们才会说人生的早晨、人生的春天，或者人生的傍晚、人生的秋天，这些说法并不仅仅只是感伤的套话。这样一来，我们就表达出了一个心理学真理，甚至还表达出了生理学的事实；因为正午时分的这种逆转甚至会改变身体的特征。尤其是在南方的种族中，我们可以观察到，上了年纪的妇女，其嗓音会变得粗哑低沉，唇部开始长出胡须，面部表情会变得生硬，还会出现一些其他的男性特质。另一方面，男性体格则由于出现了女性气质特征而变得柔和了一些，例如，身体变得肥胖，面部表情也变得柔和了起来。

在人种学文献中，有一篇有趣的报道记载了一位印第安武士首领的故事，这位武士首领在中年的时候，印第安部落所崇拜的大神（Great Spirit）出现在了他的梦中。大神对他说，从此以后，他必须和妇女儿童在一起，穿女性的服饰，吃女性的食物。他遵从了梦中的指示，但并未因此而声望下降。这个幻觉是人生处于正午之时——也就是生命开始走下坡路的时候——心理革命的真实表达。人的价值观，甚至是他的身体都往往会朝着相反的方向经历一场逆转。

我们可以把男性气质、女性气质及其心理成分比作储存在某个特别仓库里的物质，在生命的前半段，对这些物质的使用是不均衡的。男人消耗掉了大量的男性物质，最后只剩下少量的女性物质，此时他不得不开始使用这些女性物质。女性的情形则恰好相反：此时她通常会让那些未使用的男性物质开始变得活跃起来。

与生理领域相比，这种转变对心理领域的影响要更大一些。我们经常看到，一个 40 或 50 岁的男人放弃自己的生意，而他的妻子则挑起大梁，开了一家商店，这个男人会时不时地到店里去打打杂。有很多女性过了 40 岁，才开始唤醒其社会责任感和社会意识。在现代商业生活中——尤其是在美国——40 岁或 40 岁以上的人突然精神崩溃的情况非常普遍。如果稍微仔细地研究一下这些患者，就会发现，崩溃的其实是坚持至今的男性生活方式；而今剩下的，只是一个女性化的男人。反之亦然，我们也可以观察到，同样在这些商业领域中，女性则在生命的后半段发展出一种非同寻常的男子气概和敏锐性，而将她们的情感和同情心推到了一边。通常情况下，这种逆转会伴随婚姻中各种各样的灾难；因为不难想象，当丈夫发现自己有温情的一面，而妻子发现自己有敏锐的头脑时，将会发生什么。

最糟糕的是，聪明又有教养的人士拥有了这些倾向，却甚至对这种转变发生的可能性毫不知情。他们丝毫没有准备便开始了人生后半部分的旅程。社会上是否有一种专为 40 多岁的人所设的学院，让他们学习如何应对即将到来的生活及其要求，就像普通的学校教给年轻人关于世界和生活的知识一样？没有，一所也没有。在毫无准备的情况下，我们便步入了人生的下午；更糟糕的是，我们在迈出这一步的时候带着一种错误的假设，以为我们的真理和理想会像一直以来那样为我们服务。但是，我们不能按照生命上午的方案来度过生命的下午——因为在上午显得很伟大的东西，到了傍晚就会无足轻重；而在上午是真实的事情，到了傍晚就会变成一个谎言。我给太多年纪大的人做过心理治疗，经常窥探到他们灵魂中的秘密，因此，对这一基本事实坚信不疑。

上了年纪的人应该知道，他们的生活不是在走上坡路，也不会往外扩展，而是有一种不可阻挡的内在过程迫使其生活开始收缩。对年轻人来说，过于关注自己几乎可以说是一种罪恶——当然也是一种危险；但对老年人来说，认真关注自己是一种责任，也是必要之举。太阳在把光芒洒遍世界之后，往往需要收敛光芒以照亮自己。但很多老年人不但不这样做，还宁可变成疑病症患者、吝啬鬼、教条主义者、一味吹捧过去或青春永恒的人——这些做法全都是照亮自己的可悲替代品，但同时也是这一错觉，即错以为前半生的原则也适用于后半生的必然结果。

我刚才说我们没有专门为 40 多岁的人开设的学校。其实，事情并非完全如此。在以前，我们的宗教一直发挥着这种学校的作用，但是，今天还有多少人会把宗教看成这样的学校呢？在老年人当中，又有多少人真正在这样一所学校里学习过，为其生命的后半部分、衰老、死亡和永生做好了准备呢？

如果长寿对于个体所属的物种没有意义的话，人肯定活不到七八十岁。因此，人生的下午必定有其意义，不可能只是人生的上午的可悲附属物。毫无疑问，上午的意义在于个体的发展，在于确立我们在外部世界的稳固地位，在于繁衍后代以及照顾我们的孩子。这是自然极为明显的目的。但是，当此一目的已经实现，甚至超额完成后，赚钱、扩大征服领域以及扩展生活是否将超越一切理性和感觉的界限，稳固地继续下去呢？凡是将上午的法则——也就是自然的目的——带到下午的人，都必定因为这样做而付出伤害灵魂的代价，就像一个成长中的年轻人，如果他试图挽回他幼稚的自我中心主义，则必定会因为这个错误而付出在社会上遭遇失败的代价一样。赚钱、确立社会地位、组建家庭和传宗接代等，都只不过是朴素的自然而不是文化。文化通常超越了自然的目的。那么，文化有没有可能就是人生后半部分的意义与目的呢？

在原始部落中，我们可以看到，老年人几乎总是神秘事物与戒律的护卫者，部落的文化遗产正是通过这些神秘事物和戒律表现出来的。我们的情形又是如何呢？我们的老年人所拥有的智慧在哪里？他们的珍贵秘密和眼界又在何处呢？我们大多数的老年人都试图与年轻人一争雌雄。在美国，父亲和儿子以兄弟相称，而母亲恨不能成为女儿的妹妹，这几乎可以说是父母的理想。

我不知道这种混乱在多大程度上是对从前过分强调年长为尊的一种反应，又在多大程度上应该归咎于错误的理想。毫无疑问，这类理想是存在的，而怀有这种理想的人的目标在过去，而不在将来。因此，他们总是千方百计地想要回到过去。我们不得不向这些人承认，前半生的目标人人皆知，但要想看出后半生能够提供什么别的目标却极为困难。扩大生活面、成为有用高效之人、在社会上出人头地、精明地安排儿女步入合适的婚姻以及取得好的职位——这些目标难道不够吗？不幸的是，很多人都认为上述意义或目的并不够，他们觉得衰老就是生命的萎缩，将其早先的理想视为只不过是某种褪色、破旧的东西。当然，倘若这些人能够在早年斟满生命的酒杯，并饮尽生命的美酒，那么，他们现在对一切事物的感受就会大不相同；如果他们毫无保留，在年轻时曾纵情地燃烧过，那他们就能非常享受老年的平静。但我们不要忘了，只有极少数人是生活中的艺术家；在所有的艺术中，生活的艺术是最为杰出、最为罕见的。世上到底有几人能优雅地饮尽生命之酒呢？所以对很多人来说，生命中有太多东西从其手中平白地溜走——有时候，他们可能拼尽了全力也无法做到；这样一来，他们便会怀着未得到满足的索求之心步入老年，而这必然会让他们频频回头张望。

对这些人来说，频频回头张望尤其致命，而给未来设定一种前景或目标是不可或缺的。这就是所有伟大的宗教都许诺有一种死后生活的原因所在，这使得普通人能够带着与前半生同样的毅力和目标度过后半生。对今天的人来说，生命的扩展及生命的巅峰是貌似合理的目标；但在他看来，有关死后生活的观点却似乎很可疑，或者不可思议。然而，只有当生存太过悲惨，以至于我们乐于让它结束的时候，或者当我们确信太阳在下沉——“为了照耀遥远的种族”——之际也付出了与上升到最高点时同样的坚持和努力时，生命的终点，即死亡，才会被接受为一个目标。但是，信仰在今天已经变成了一种很难做到的艺术，这就使得人们，尤其是受过教育的人，很难找到确立信仰的途径。他们已经非常习惯于这样的想法，即有关永生之类的问题常常自相矛盾，且又拿不出令人信服的证据。在当今世界，“科学”成为一个人们对之深信不疑的口号，因此，我们总是想要用“科学”来证明一切。但那些受过教育、懂得思考的人都知道，想要获得这种类型的证据是不可能的。其实关于这一点，我们完全就是一无所知。

既然如此，我是不是也可以因此而评论说我们同样无从得知一个人死后会发生什么呢？答案既不是肯定，也不是否定。因为我们无论通过什么样的方式都不能用确凿的科学证据证明这一点，所以我们问这个问题，就好比是在问火星上到底有没有人居住一样。就算火星上有人居住，他们无疑也不会关心我们是肯定还是否定他们的存在。他们也许存在，也许不存在。而有关所谓的永生，亦是如此——因此，我们不妨将此问题搁置一旁。

但是在这里，我作为医生的良知被唤醒了，因此，我必须就此问题补充一点必要的内容。我观察到，与毫无目的的生活相比，一种有目标的生活总的来说要更好、更丰富，也更健康一些；顺着时间的溪流而行，比逆流而上要好一些。在心理治疗师看来，一个不能向生活告别的老人，看起来就像一个不能拥抱生活的年轻人一样软弱、病态。事实上，在许多病例中，不论是在老年人还是年轻人身上，这体现的都是同样的幼稚、贪婪、恐惧、固执和任性的问题。作为一名医生，我确信：从死亡中发掘出一个能够为之奋斗的目标是符合卫生学的——如果我可以用卫生学这个词的话；逃避死亡是不健康、不正常的，这样做就等于剥夺了后半生的目的。因此，我认为，宗教关于来生的教义符合心理卫生的观点。如果我知道我所居住的房子在两个星期之内就会倒塌，那么，我所有重要的功能都会因为这一想法而受到损害；但如果情况与此相反，我感觉自己很安全，那么，我就可以正常、舒适地住在这里。因此，从心理治疗的角度看，比较可取的做法是把死亡看作仅仅只是一个过渡——只是生命过程中的一个部分，其范围和持续时间是我们无从知晓的。

大部分人并不知道为什么身体需要盐分，但尽管事实如此，人们依然出于本能需要而摄取盐分。心理方面的事情也是如此。从远古时代起，绝大部分人都觉得有必要相信生命是延续的。因此，心理治疗的要求不会将我们引上什么歧途，而是引导我们沿着人类已经踩出的康庄大道继续前进。所以说，我们有关生活之意义的思考是正确的，尽管我们并不理解自己思考的是什么。

我们始终知道自己思考的是什么吗？我们唯一理解的，是那种像纯粹公式一样的思考，放进去什么，就算出来什么。这就是智力的活动。但除此之外，还有一种使用原始意象（primordial images）进行的思考——这些象征比人类历史还要古老；它们从远古时代起就根深蒂固地存在于人类心中，而且源远流长，历经千秋万代，至今依然是人类心理的基础。只有与这些象征和谐共处，我们才有可能过上最为圆满的生活；智慧便是这些象征所给予的一种回报。这无关信仰，也无关知识，而是一个让我们的思考与无意识的原始意象相一致的问题。这些意象是我们全部有意识思想的根源，而在这些原始意象中，有一个就是有关来生的观念。科学与这些意象是无法放在一起比较的。这些意象是想象力不可或缺的条件，它们是第一手的资料——科学也不能随意否定它们存在的适宜性和正当性。科学只能把它们当作既定的事实，像探索甲状腺的功能一样去探索其功能。在 19 世纪以前，人们之所以认为甲状腺是一个没用的器官，完全是因为人们不了解它。倘若今天我们说原始意象毫无意义，那我们也犯了同样的目光短浅的错误。在我看来，这些意象就像是心理的器官，我必须万分谨慎地对待它们。有时候，我不得不对某位上了年纪的患者说："你脑海里有关上帝的画面，或者说你的永生信念已经消退了，因此，你心理的新陈代谢功能就失常了。"古代的不死药（*athanasias pharmakpn*），即长生不老药，比我们所认为的要有意义且深刻得多。

在这里，我想暂且再回到那个太阳的比喻。人生就像一道 180 度的弧线，可以分成四个部分。第一部分位于东方，它是童年——在这种状态下，我们对他人来说是一个问题，而不曾意识到我们自己有任何问题；第二个和第三个部分则充满了各种意识到的问题；而在最后一个部分——最为年老的时期——我们又退回到了那种不会因为自己的意识状态而担忧的境地，我们再一次成了别人的问题。当然，童年和老年是完全不同的，不过它们也有一个共同之处——都沉浸在无意识的心理事件之中。儿童的心智会从无意识状态中逐渐成长起来，因此，其心理过程——尽管也不太容易观察到——并不像老年人的心理过程那样难以觉察，而这些老年人已经再度陷入了无意识中，并在无意识之中慢慢消失。童年和老年是意识不到存在什么问题的人生阶段，我在这里不做讨论。

第六章
弗洛伊德与荣格——比较的视角

弗洛伊德的观点与我本人的观点之间的区别，实际上应该由不曾受到我们二人观点影响的圈外人去讨论。我能客观公正地对待我自己的观点吗？有人能做到这一点吗？对此，我表示怀疑。假如我听说有人已经完成了这一壮举，其成就堪与孟豪森（Münchausen）男爵媲美，那么，我可以肯定他的观点一定是从他人那里抄袭来的。

诚然，那些被广泛接受的观点从来都不是其所谓作者的私人财产；相反，所谓的作者其实只能算是这些观点的奴隶。那些被奉为真理的让人印象深刻的观点都有其特殊之处。尽管它们出现在某个特定的时间，但却是永恒的；它们产生于繁殖力强大的心理生活王国，在这个王国里，个体那转瞬即逝的思想就像一棵植物，发芽、开花、结果，然后枯萎、死亡。这些观点并非来自某一个体的个人生活。我们不曾创造这些观点，而是观点创造了我们。当然，在面对某些观点时，我们不可避免要承认一点：它们不仅会阐明我们身上最好的一面，而且也会揭露出我们最为糟糕的不足之处和个人缺陷。有关心理学的观点，尤其如此。它们若非来自生活最为主观的一面，又会来自哪里呢？有关客观世界的经验能帮助我们避免主观偏见吗？每一种经验，即使是最理想状况下的经验，在很大程度上不都也是主观的解释吗？另一方面，主体也是一个客观的事实，是世界的一部分。来自主体的任何问题，归根结底都是从这片普遍的土壤中长出来的，就像世上最为罕见、最为奇异的有机体也依然是我们所共享的这个地球所支持和滋养的一样。正是这些最接近自然和生命有机体的最为主观的观点，才应当被认为是最真实的。但真理又是什么呢？

就心理学的目的而言，我认为，我们最好不要认为我们今天所处的位置能够让我们对心理的本质作出“真实的”或“正确的”断言。我们所能做到的最多也只能是进行真实的表述（true expression）。我所说的真实的表述，指的是对主观上注意到的任何一个事物，都做公开坦诚的宣告和详尽无疑的展示。有的人可能会强调这种材料得以展示的形式，并因此认为，他创造了在自己内心所发现的这些东西。有的人则可能会强调自己扮演的是一个观察者的角色这一事实；他意识到了自己的接受态度，并坚信他主观上所观察到的材料是自发呈现出来的。其实，真相就介于这二者之间。真实的表达就是给所观察到的材料赋上合适的表达形式。

现代的心理学家不论他的志向有多远大，都很难声称，他所取得的成就已经超过了那种正确的接受性和合理恰当的表达。我们目前所拥有的心理学，只不过是少数一些个体将他们在自己身上所发现的东西进行了记述而已。他们的表述形式有时是恰当的，有时则不恰当。由于每一个人都或多或少会与某一类型相一致，因此，他的记述就可以被接受为针对一大群人的相当有效的描述。而且，既然其他类型的人也同属于人类，因此，我们便可以断定，这些描述也同样适用于他们，尽管不那么契合。弗洛伊德有关性欲、婴儿期享乐及其与“现实原则”（principle of reality）的冲突、乱伦等的言论，皆可看做是对他自身心理构成的最为真实的表达。他为在自己身上所注意到的这些东西赋予了恰当的形式。我并不是弗洛伊德的反对者，我之所以被加上此一称谓，只不过是因为弗洛伊德本人及其门徒目光短浅。没有哪个经验丰富的心理治疗师会否认，他们曾至少遇到过几十个完全符合弗洛伊德的基本描述的案例。通过将在自己身上发现的东西公之于世，弗洛伊德推动了一个有关人类的伟大真理的诞生。他倾尽一生、竭尽全力创立了一门心理学，而这门心理学是对他自身存在的系统阐释。

我们是什么样的人，就决定了我们会用什么样的方式来看待事物。既然他人与我们不同，那么，他们看待事物、表达自己的方式也与我们不同。弗洛伊德最早的门徒之一阿德勒（Adler）就是一个恰当的例子。他与弗洛伊德研究了同样的经验材料，但处理材料的方式却与弗洛伊德完全不同。阿德勒看待事物的方式至少可以说与弗洛伊德的一样具有说服力，因为他也代表了一种众所周知的类型。我知道，这两个学派的追随者都会毫不客气地说我讲错了，但我希望，历史和所有客观公正的人能够为我作证。在我看来，这两个学派都应该受到指责，因为它们过分强调了生活的病态方面，而且在对人进行解释的过程中过于绝对地依据人的缺陷。弗洛伊德不能理解宗教体验，这一事实便是一个很有说服力的例子，他的著作《幻象之未来》（*The Future of an Illusion*）清楚地体现了这一点。而就我个人而言，则更倾向于从健康、健全的角度去看待人类，并将患者从弗洛伊德撰写的每一页纸上所渲染的观点中解放出来。弗洛伊德的学说绝对是片面的，因为这种学说是他从仅与神经症状态有关的事实中概括出来的，它的有效性实际上只限于那些神经症状态。弗洛伊德的学说尽管有误，但在这些限制范围之内，它还是真实有效的，因为错误本身说到底也是学说的一部分，也反映了一种更大的真实。无论如何，弗洛伊德的学说都不是一种关于健康心理的心理学。

弗洛伊德心理学的病态症状在于：它建立在一种不加批判的，甚至是无意识的世界观之上，而这非常容易使人类经验和理解的领域在很大程度上变得狭隘。弗洛伊德的一大错误在于他忽视了哲学。他从来都没有批判地思考过他的前提，甚至是作为他提出个人观点之基础的假设。而从我上面所说的内容，我们不难推断出，这种批判性的思考是非常必要的；因为如果他曾批判性地审视过自己的假设，那他就绝不会像在《释梦》(*The Interpretation of Dreams*)中所做的那样，幼稚地把自己独特的心理倾向公之于众。无论如何，他都会遇到我曾遭遇过的那些困难。我从来都没有拒绝过哲学批判这杯苦甜参半的酒，但一直以来我都小心翼翼地饮用它，每次只喝一点点。反对我的人可能会说，这未免太少了，但我自己的感觉却告诉我，几乎可以说是太多了。自我批评太容易破坏人的天真无邪，而天真无邪是任何一个有创造性的人都不可或缺的无价财富，或者更精确地说是一种天赋。无论如何，哲学批判都帮助我看到，每一种心理学——包括我自己的心理学——都带有主观告解的特征。不过，我必须防止我的批判力破坏我的创造性。我深知，我所说的每一个字都带有与我自己有关的东西——这种东西是有其自身独特经历和独特世界的自我所特有的，是独一无二的。甚至当我在处理经验资料时，我也必定是在谈论自己。但是，只有承认这是不可避免的，我才能为人类认识自己的事业做出贡献——弗洛伊德也希望为这一事业做出贡献，而且不管怎样，他确实为其做出了自己的贡献。知识不仅建立在真理之上，也建立在错误之上。

也许这里的问题就是要接受这样一个事实，即每一种心理学学说都带有其提出者的主观色彩，而这便是导致弗洛伊德与我的观点之间出现深刻差异的原因所在。

在我看来，我和弗洛伊德之间的另一个不同点在于，我总是尽量让自己摆脱那些有关一般世界的无意识的，从而也是未经批判的假设的影响。我之所以说“尽量”，是因为没有人能摆脱他自己的一切无意识假设。不过，我至少能尽量让自己避免那些愚蠢的偏见，并因而倾向于承认各种各样的神的存在，前提是只要它们活跃在人们的心理之中。我并不怀疑自然本能或驱力是人类生活的推动力，而不论我们称之为性欲还是权力欲望；但是，我也丝毫不怀疑这些本能会与精神发生冲突，因为它们总是不断地与其他东西发生冲突，那我们为什么不能称这种东西为精神呢？目前，我还远远不了解精神本身是什么，也同样不了解本能为何物。两者对我来说同样神秘，但我不能根据精神的解释来否定本能的存在，也不能根据本能的解释来否认精神的存在。否则，那将是一种彻底的误解。地球上只有一个月亮这一事实并不是一种误解。自然界中不存在误解；只有在人类称为“理解”（understanding）的领域中才会出现误解。本能和精神当然超出了我的理解范围。它们只是一些术语，用来指代一些我们并不知其性质的强大力量。

正如你所看到的，我认为一切宗教都具有积极的价值。在宗教象征中，我可以发现我在患者的梦和幻想中遇到过的那些形象。在宗教的道德说教中，我可以看到与我的患者所做的相同或相似的努力，我的患者在自己的洞察力或者灵感的引导下，可以找到应对其种种内心生活压力的正确方法。各种形式的典礼、仪式、入会仪式、苦行禁欲，以及它们的各式变体，都让我非常感兴趣，因为凭借这如此众多之技巧，我便可以寻找出与这些内在生活力量的恰当关系。同样，我认为生物学和自然科学的经验主义总体上也具有积极的价值，从中，我们看到了从外在世界着手去理解人类心理的艰难努力。我认为，诺斯替教（gnostic religions）则从相反的方向做出了同样惊人的努力：从内在寻求有关宇宙的知识。我内心的世界图景，既包括一片广阔的外在领域，也包括一片同样广阔的内在领域；而人类站在这两个领域之间，时而面对这个领域，时而面对那个领域，然后依据他自己的心境或气质，把其中一个领域当作绝对真理，而否定或者牺牲另一个领域。

当然，这个图景是假设性的，但它所提供的假设非常有价值，以至于我无法将之舍弃。我认为，它在启发性和经验性方面都得到了证实，而且，它还得到了一般共识（*consensus gentium*）的支持。这个假设显然来自我的内在领域，尽管我可以想象，是基于经验的研究让人们发现了这一假设。我的类型理论正是根据这一假设推论而来，它还使我与一些不同的观点（比如弗洛伊德的观点）得以调和一致。

我发现，一切事物都包含着对立的活动，并从这一观念出发发展出了我的心理能量（psychic energy）概念。我认为，心理能量来自对立双方的活动，就像物理能量涉及势能的差异一样，也就是说，存在着暖和冷、高和低这样的对立概念。弗洛伊德一开始把性欲视为唯一的心理驱动力量，直到我与他分道扬镳后，他才承认其他心理活动也具有同样的地位。就我而言，我把各种心理驱力或力量都归到了能量的范畴内，为的是避免一种只探讨驱力或本能的心理学所具有的那种任意武断。因此，我所谈论的并不是单独的驱力或力量，而是“价值强度”（value intensities）。[①] 我上面所说的这些话的意思，并不是想否认性欲在心理生活中的重要性，虽然弗洛伊德固执地认为我确实要否认这一点。我的目的无非是想为性（sex）这个已被滥用的术语设定一个界限，因为它有可能破坏一切

① 比较文章“On Psychical Energy”in *Contributions to Analytical Psychology*, Kegan Paul, Trench, Trubner & Co., London, 1928。

关于人类心理的讨论，我希望把性欲本身放到其恰当的位置上。常识始终会让我们看到这样一个事实，即性欲其实只不过是生的本能（life-instincts）当中的一种——只不过是心理生理功能当中的一种——尽管这种本能或功能毫无疑问已经产生了非常深远的影响，而且意义重大。

毫无疑问，在当今的性生活领域中，存在一种明显的混乱状态。众所周知，当我们牙疼的时候，我们往往无暇顾及其他。弗洛伊德所描述的性欲无疑是一种无法摆脱的性强迫症（sexual obsession），每当需要迫使或诱使患者摆脱某种错误的态度或情境时，这种强迫症就会表现出来。这是一种堆积在一个大坝后面的被过分强调的性欲；只要正常发展之门打开，它马上就会恢复到正常的状态。性欲常常被困在对父母和各种关系的积怨之中，被困在家庭情境中那些令人厌烦的情感纠葛之中，这种情境常常会阻断生命的能量。这种阻断现象会经久不衰地表现为一种性欲，即所谓的"婴儿期性欲"。它实际上并不是严格意义上的性欲，而是对完全属于生活的另一个领域的紧张感的一种不自然的宣泄。既然如此，在这个洪水泛滥的国度里驾驶着小船划来划去又有什么用呢？诚然，具有冷静而有条理之思考的人都知道，此时，与其在洪灾中划舟奔逃，还不如凿开泄洪的渠道。我们应该在改变的态度或新的生活方式中，努力找到释放被阻隔的能量所需要的通道。如果做不到这一点，就会陷入恶性循环之中，而实际上，这正是弗洛伊德学派心理学可能会导致的威胁所在。它并没有为人们指明道路，帮助人们走出无法更改的生物事件的循环。这种无望感会使得人们像使徒保罗一样大声呼喊："我真是苦啊！有谁能救我脱离这必死的躯体呢？"而我们当中有智慧的人通常会走上前，一边摇头，一边借用浮士德的话说："你所意识到的只不过是一种冲动而已。"即只能意识到肉体的联系，它向前可以追溯到与父亲和母亲的联系，向后可以追溯到与传承了我们血脉的孩子的联系——与过去“乱伦”，也与未来“乱伦”，这是家庭情境中永远存在的原罪。除了生活中与之相反的冲动，即精神，没有什么能让我们从这种联系中解脱出来。拥有自由的，并非血肉之躯的孩子，而是“上帝的孩子”。在恩斯特·巴拉赫（Ernst Barlach）的家庭生活悲剧小说《死亡日》（*Der Tote Tag*）的结尾，那个化作了魔鬼的母亲说：“奇怪的是，人们竟然不知道上帝就是他的父亲。”这是弗洛伊德永远都不会得知的事情，也是所有赞同他观点的人不允许自己得知的事情。至少，他们永远都找不到打开此种知识宝库大门的钥匙。神学帮不了那些寻找这把钥匙的人，因为神学需要信念，而信念是不能凭空杜撰的：从最为真实的意义上说，信念是一种上帝恩赐的礼物。我们现代人亟须重新发现精神生活，我们必须重新去亲身体验。只有这样，我们才能打破那个将我们束缚于生物事件之循环中的魔咒。

我在这个问题上的立场，是弗洛伊德的观点与我的观点之间的第三个不同点。因为这一点，有人便指责我是神秘主义者。不过，我并不认为以下这一事实是因我而导致，即不论何时何地，人类总会自动发展出宗教的种种表现形式，而且从远古时代起，人类的心理之中就充满了宗教情感和宗教观念。凡是看不到人类心理这一方面的人，都是盲目的；而凡是选择通过解释或者“启蒙”来把这个方面消除掉的人，则都没有现实感。弗洛伊德学派的所有成员，包括弗洛伊德本人，都具有恋父情结，我们是否应该可以从这种恋父情结中看到令人信服的证据，来证明任何值得一提的从不可变更的家庭情结中解脱出来的方式呢？人们非常固执、过于敏感且狂热地捍卫着这种恋父情结，这种情结其实是被误解的宗教虔诚的外壳，它是用生物学和家庭关系表现出来的一种神秘主义。至于弗洛伊德的“超我”观念，只不过是一种鬼鬼祟祟地想要偷取一向受人尊敬的耶和华意象的企图，然后穿上心理学理论的外衣而已。当一个人做这样的事情时，其实还是开诚布公地说出来为好。就我个人而言，我更愿意用人们一直以来所熟悉的名称来称呼事物。历史的车轮不会倒转，从原始的入会仪式开始，人们的精神生活一直在前进，这一点是不可否认的。人们之所以允许科学对其研究领域进行划分，并提出有限的假设，那是因为科学必须以这样的方式来运作；但是，人类的心理却不能分割开来。心理是一个整体，意识是心理的一部分，心理是意识之母。科学思维只是心理的一种功能，因此它永远也无法穷尽生活的所有可能性。心理治疗师不能戴着病理学的有色眼镜来看待世界；他永远都不能忘记，病态的心理也是人类的心理，尽管处于疾病状态，但也是人类整体心理生活的一部分。心理治疗师甚至还要能够承认一点，即自我之所以生病，正是因为它与整体的联系被切断了，失去了与人类以及精神的联系。就像弗洛伊德在《自我与伊底》（*The Ego and the Id*）中所说的，自我确实是“恐惧之地”，但只有它不回到“父亲”和“母亲”① 那里时才会如此。弗洛伊德在尼哥底母（Nicodemus）的问题上遭遇了挫折，这个问题就是：“一个人能再次进入母亲的子宫，然后重新出生吗?”见微知著，我们可以说，历史在这里重现了，因为如今这个问题再一次成了现代心理学争论的焦点。

几千年来，入会仪式一直教导人们的是如何获得精神上的重生；但奇怪的是，人们一次又一次地忘记了神圣生殖（divine procreation）的意义。当然，这不能证明精神生活的强大；然而，这种误解所导致的惩罚是沉重的，因为它简直就是一种神经质的衰

① “父亲”和“母亲”，也就是精神和自然。——译者注

退、极度的痛苦、萎缩和贫乏。把精神拒之门外是一件很容易的事情，但一旦我们这样做，生活就会变得淡而无味——生活也就失去了它的滋味。幸运的是，古代入会仪式的核心教义是一代一代流传下来的，这一事实证明，精神的力量常在常新。在人类历史进程中，不时会出现这样一些人，他们理解上帝是我们的父亲这一事实所具有的意义。因此，肉体与精神的平衡并没有在世界上消失。

弗洛伊德与我之间的比较，可以追溯至我们的基本假设存在的本质区别。假设是不可回避的，既然如此，如果我们佯装自己没有做任何假设，那就错了。这就是我要探讨根本问题的原因所在，以这些基本问题作为出发点，才能够更好地理解弗洛伊德的观点与我的观点之间的多种细微区别。

第七章
原始人

“原始的”（archaic）一词的意思是最初的、最早的。虽然讨论涉及当今文明人类的重要事情，是一件费力而又不讨好的任务，但若要讨论原始人，我们则明显站在了一个更为有利的位置。在讨论现代人的时候，我们通常试图获得一种居高临下的观点，但实际上，我们会和所讨论的对象一样，有着同样的预设，会被同样的偏见所蒙蔽。然而，在讨论原始人时，我们可以远离他们生活的时代和世界，我们的智力也比他们更为发达。那么，我们显然可以占据一个有利的地位，可以俯视他们的世界，以及这个世界对他们而言的意义。

上面最后一句话限定了本章所要涉及的主题。虽然我限制自己只对原始人的心理生活进行探讨，但我还是很难在如此短小的篇幅里把原始人的样貌描绘得很清楚。因此，我把自己的主要任务限定为使得这幅画面足以包括一切，而不涉及人类学中关于原始种族的发现。通常在谈及人时，我们的脑子里不会想到他的解剖结构——比如颅骨的形状，或者他的肤色，我们所指的是他的心理世界、意识状态和生活方式。既然这些都属于心理学的研究主题，那么，我们在这里主要谈论的是原始人的心理。虽然加上了这样一个限定条件，但实际上，我们拓宽了我们的主题，因为并非只有原始人的心理过程是原始的。当代的文明人也表现出了这些原始的心理过程，而且其表现形式，也并非只有现代社会中偶尔出现的“返祖”（throw-backs）现象。相反，每一个文明人，不论他的意识发展水平如何，在更为深层的心理层次上都仍然是一个原始人。就像人的身体将我们与哺乳动物紧密地联系到了一起，并且表现出许多早期进化阶段的残余特征，甚至可以追溯到爬行动物时代一样，人的心理同样也是进化的产物，倘若追溯其起源的话，我们将看到大量的原始特征。

当我们第一次接触原始民族，或阅读关于原始人心理的科学著作时，原始人的奇怪之处不能不给我们留下深刻的印象。列维-布留尔（Lévy Brühl）是原始社会心理学领域的权威人物，他始终坚持认为，心理的“前逻辑的”（pre-logical）状态与我们的有意识观点之间存在明显的差异。作为一个文明人，他觉得不可思议的是：为什么原始人会无视明显的经验教训，为什么会断然否认最明显的因果关系，为什么会把一些属于意外或自然结果的事件仅仅简单地用“集体表象”（collective representations）来解释。列维-布留尔的“集体表象”指的是一些广泛流传的、具有不言自明的真理性的观念，如关于精神、巫术、草药的作用等原始的观念。虽然我们完全能够理解人可能会死于衰老或某些致命的疾病，但对原始人来说却并非如此。当老年人去世的时候，他们并不相信是因为年老的缘故。他们会争辩说，还有人的年纪比他更大呢。同样，没有哪个人会因为疾病而死去，因为有些人得了同样的疾病却康复了，还有人从来都不会染上这种病。在他们看来，真正的原因始终具有不可思议的魔力。杀死一个人的，不是精灵，就是巫术。很多原始部落认为，只有在战斗中死亡才是唯一的自然死亡。还有一些部落甚至认为，战死沙场也不是自然死亡，杀死一名战士的，不是巫师，就是带有魔法的武器。这种古怪观念有时候的表现形式甚至让人印象极为深刻。例如，一个欧洲人射杀了一条鳄鱼，发现鳄鱼的肚子里有两个脚镯。土著人认出，这两个脚镯是不久前被鳄鱼吃掉的两个妇女的所有物。这样一件非常自然的事情，欧洲人永远也不会有什么怀疑，但土著人却根据列维-布留尔称之为“集体表象”的那些预设，对它进行了出人意料的解释，指责这是巫师所为。土著人解释说，有一位不知其名的巫师召唤了鳄鱼，命令它把那两名妇女带给他。鳄鱼执行了这一命令。但是，鳄鱼肚子里的脚镯又是怎么回事呢？土著人坚持认为，鳄鱼从来不吃人，除非它受命这样做。而脚镯是鳄鱼从巫师那里所获得的奖赏。

心理的“前逻辑”状态的一个特征是解释事物的方式变幻莫测，上面的故事就是一个绝好的例子。我们之所以说它是“前逻辑的”，是因为在我们看来，这样一种解释似乎完全不合乎逻辑。但是，它之所以给我们这样的印象，完全是因为我们是从与原始人截然不同的假设出发的。如果我们像原始人一样，相信有巫师和神秘力量的存在，而不相信存在所谓的自然因素，那么，我们就会觉得他们的推断非常合理。事实上，原始人并不比我们更具有逻辑性或更缺乏逻辑性。他们的预设与我们不同——他们与我们的区别仅在于此。原始人的思想和行为建立在他们自己的预设之上，而他们的预设与我们的预设是不同的。在面对一切不同寻常并因而使他们感到困扰、害怕和震惊的事物时，他们都会将其归咎于我们所说的超自然起源。当然，对原始人而言，这些东西不是超自然的；相反，这些东西是他们的经验世界的一部分。当我们说“这栋房子因为遭受雷击而烧毁了”的时候，我们觉得自己是在描述事件的自然顺序。当原始人说“一个巫师使用雷电点燃了这栋房子”的时候，他们同样也觉得是在描述事件的自然顺序。在原始人的经验中，所有事件——只要它们不同寻常或让人印象深刻——都能用类似的原因来解释。在以这种方式解释事物时，原始人就和我们一样：通常不会审视自己的假设。在他们看来，疾病和所有的不幸都是幽灵或巫术造成的，这是一个毋庸置疑的真理，就像我们断定任何一种不幸都是由自然原因导致的一样。我们不会把疾病归因于巫术，同样，原始人也不会把它归因于自然因素。原始人的心理活动与我们的并没有根本的区别。正如我说过的，他们与我们的区别，仅仅在于他们的预设与我们的预设不同。

人们通常认为，原始人的情感和道德观念与我们的不同——也就是说，他们心理的“前逻辑”状态也与我们的不同。毫无疑问，他们的道德标准也与我们的不同。如果问一位黑人酋长如何区分善恶，他会说：“如果我偷走了敌人的妻子，就是善的；如果敌人偷走了我的妻子，那就是恶的。”在很多地区，踩别人的影子是非常无礼的举动，而在另一些地区，如果用铁刀而不是燧石刀剥海豹皮，那便是不可饶恕的罪孽。但是，说实话，难道我们不也认为用钢刀吃鱼、在室内戴着帽子、嘴里叼着雪茄向女士打招呼是邪恶的举动吗？不论对我们还是对原始人来说，这些事情都与伦理无关。真诚而又忠实的杀手有之，虔诚而尽责地施行残酷宗教仪式的人有之，出于正义的信念而犯下杀人举动的人亦有之。其实，原始人和我们一样，也会快速地对某一种伦理态度做出评价。他们的善与我们的善是一样的，他们的恶也与我们的恶一样。唯一不同的是善或恶的表现形式，但伦理判断的过程是一样的。

同样，人们往往认为，原始人拥有比我们更为敏锐的感官，或者说原始人的感官与我们的有所不同。不过，他们高度发达的方向感、听觉和视觉完全是因为在日常生活中经常用到，因而获得发展。如果碰到了从未经历过的情形，他们也会反应得十分缓慢且笨拙。有一次，我让一些目光像鹰一样敏锐的土著猎人看杂志上的图片，图片上画的是一些连我们的孩子都能一眼认出的人物形状。但是，这些猎人把图片翻来翻去，就是看不出图片上画的是什么，最后，他们中有一个人用手指描着人形的轮廓，然后大声说道："这些是白人。"其他人都欢呼了起来，把这誉为一个伟大的发现。

很多土著人表现出来的那种令人难以置信的精确方向感，其实是练习的结果。在森林和丛林中，他们要具有辨别方向的能力，这一点非常重要。就连欧洲人，只要在非洲待上一小段时间，也会开始留意一些他在过去连做梦也不会去注意的东西；他之所以会这样做，是因为他害怕会陷入迷路的绝望境地，尽管他有指南针。

没有什么证据可以表明原始人的思想、情感和感知方式与我们有根本的区别。从本质上说，他们的心理功能与我们是一样的，只是他们的主要假设与我们不同。相形之下，下面这一事实就变得相对不那么重要了，即他们所拥有的或者似乎拥有的意识范围比我们的狭窄，而且，他们并不是有很强能力进行专注的心理活动，或者根本没有能力进行专注的心理活动。这最后一点，确实会让欧洲人感到很奇怪。例如，我和土著人的交谈从来不会超过两个小时，因为到了这个时间他们总会说自己累了。他们说与人交谈太难了，虽然我只是随意地提了一些非常简单的问题。但是，在外出狩猎或旅行时，这些土著人却表现出了惊人的专注力与耐力。譬如，为我送信的信使可以一口气跑 75 英里①。我还看到过一个怀孕 6 个月的妇女，在华氏 95 度②的天气里，背着一个孩子，一边抽着长烟斗，一边围着一堆烈火，跳了几乎一整夜的舞，居然没有累垮。不能否认，原始人在面对自己感兴趣的事情时，是能够集中注意力

① 1 英里约合 1.61 千米。——译者注

② 华氏 95 度为 35 摄氏度。——译者注

的。如果是让我们试着专注于自己不感兴趣的事情，那我们很快也会发现自己的专注力是多么薄弱。其实，我们也和原始人一样，都依赖情感的潜流（emotional under-currents）。

不管在善的方面还是恶的方面，原始人确实都比我们更为单纯、更为幼稚。这本身并不会让我们感到奇怪。然而，当走近原始人的世界时，我们会感到有什么东西异常奇怪。我尽己所能地对此进行了分析，发现这种感觉主要来源于这样一个事实，即原始人的基本预设与我们不同——或许我可以这样说，他们生活在一个与我们不同的世界里。在我们不了解原始人的预设时，他们是一个难解的谜，但如果我们了解了他们的预设，那一切就变得相对简单了。我们同样也完全可以这样说：当我们了解了自己的预设，那么，原始人也就不再是一个谜了。

我们所做的是一种理性的预设，认为每一件事都有一个自然的而且可感知的原因。我们对这一点深信不疑。这样的因果关系是我们最为神圣的信条之一。在我们的世界里，一切看不见的、主观武断的和所谓的超自然力量都没有合理的地位——除非我们跟随着现代物理学家的脚步，去探索微小、神秘而且似乎会发生匪夷所思之事的原子世界。但是，原子世界离我们已经习以为常的世界太远了。我们显然还反感有关看不见的、主观武断的力量的观念，因为在不久之前我们才刚刚逃离了梦和迷信的可怕世界，为自己构建了一幅配得上理性意识的宇宙图景——这是人类最新且最伟大的成就。现在，我们正生活在一个服从理性法则的世界里。诚然，我们现在还不知道一切事物的发生原因，但总有一天，我们会发现这些原因，而这些发现将与我们的理性预期相一致。这是我们的希望，我们认为这是理所当然的，就像原始人也认为他们的假设理所当然一样。当然，有时也会发生偶然事件，但这些偶然事件仅仅只是意外，而且我们也承认，它们有自己的因果关系。人类的心理通常喜欢秩序，而讨厌偶然事件。偶然事件以一种可笑并因而让人恼火的方式，干扰了事件原本可以预测的发展进程。就像讨厌无形的力量一样，我们也反感偶然事件，因为它们特别容易让我们联想到撒旦座下的小鬼，或者下凡神灵（*deus ex machina*）的任性妄为。它们是我们在深思熟虑之时最坏的敌人，持续威胁着我们的一切事业。虽然人们公认它们与理性相对立，理应受到鄙视，但我们还是不应该不给它们应有的位置。阿拉伯人比我们更尊重它们。他们在每封信里都会写上 *Insha-allah*，意思是"如真主所愿"，因为他们认为，只有这样信才能寄到收信人手里。尽管我们不愿意承认偶然因素的存在，尽管所有事件事实上都遵循一般规律，但不能否认，我们随时随地都会遇到不可预料的偶然事件。还有什么比偶然更为不可见、更无规律的呢？又有什么比偶然事件更难以避免、更让人讨厌的呢？

如果仔细考虑一下这个问题，我们也可以说，事件的因果关系会遵循着普遍的规律，但这一理论只在大约一半的时间里有效，而在另外一半时间里，偶然的魔鬼则可以随心所欲。偶然事件也有其自然的原因，而且，我们常常会悲哀地发现，其实这些原因也是司空见惯的。偶然事件之所以让我们恼火，并不是因为其原因不为我们所知这一事实，而是因为它们总是不时地以一种明显任意武断的方式降临在我们身上。至少，偶然事件给我们的印象就是如此。偶然事件总是让人恼火，即使是一位彻头彻尾的理性主义者也会被激得诅咒它。不管我们怎样解释一个偶然事件，都无法改变它会对我们产生影响这一事实。生存的条件越受到规律的支配，偶然事件就越不可能发生，我们也就越不需要保护自己免受它的伤害。虽然如此，但我们每个人还是时时会把偶然事件发生的可能性考虑在内，或者会期待偶然事件的发生，虽然官方“信条”并不赞同这样一种信念。

因此，我们假定（这个假设就相当于一个积极的信念），任何事情都有其自然的原因，而且，我们至少设想这些原因是可知的。但与此相反，原始人则认为，每一件事情都是看不见、无规律的力量促成的——换句话说，每一件事情都是偶然发生的。只是他们不用“偶然”这个词，而是称之为意图（intention）。在他们看来，自然因果关系只不过是一种假象，不值一提。如果有三个妇女到河边打水，一条鳄鱼咬住了中间那个妇女，并把她拖进了河里，那么，我们对事物的见解会让我们断定，中间那个妇女被咬住纯属偶然。在我们看来，鳄鱼咬住她这一事实其实非常自然，因为这些动物有时确实会吃人。但原始人却觉得，这样的解释完全抹杀了事实，没有对这整个激动人心的故事做任何的解释。原始人认为，我们看待事物的见解流于表面，甚至可以说是荒谬的。其实，他们这种说法亦有其道理所在，因为如果这一事件没有发生的话，我们一样也可以用同样的偶然性解释来说明。我们所采用的这种方式其实并没有对事件做出什么解释，但欧洲人的偏见却让我们很难看到这一点。

原始人期望一种解释能够提供更多的信息。我们所说的偶然因素，对他们而言是一种任意武断的力量。因此，咬住中间的那个妇女，就是鳄鱼的意图所在——这是每一个人都能观察到的。如果鳄鱼的意图不在于此，那么，它就会去咬另外两个人当中的一个了。但是，鳄鱼为什么会有这种意图呢？这些动物通常是不吃人的。这一断言是正确的——就像有人说撒哈拉沙漠通常不会下雨一样正确。鳄鱼确实是种胆小易受惊的动物。考虑到它们的数量，它们咬死的人可以说是寥寥无几，而要说它们吞下一个人，确实是意料之外且极不自然的事件。这样一个事件需要解释。鳄鱼是不会主动夺人性命的。那么，又是谁命令它这样做的呢？

原始人在下定论时，通常以周围世界中所发生的事实为基础。当发生出乎意料的事情时，他们当然会惊讶不已，并想要去弄清楚事情发生的具体原因。就此而论，他们的行为与我们完全一样。不过，他们比我们更近了一步。他们拥有一种或多种理论可以解释导致偶然事件的任意武断的力量。我们说：纯属偶然。他们却说：这是深谋远虑的意图。他们主要强调的是因果关系链上那些混乱且令人困惑的裂痕——那些没有表现出科学所预期之因果关系的偶然事件，它们构成了另外一半的一般事件。他们在很久之前就已经适应了符合一般规律的自然；他们所惧怕的是无法预测的偶然事件，因为这些偶然事件的力量让他们看到了一种不受控制而又无法估量的动因。在这一点上，他们又说对了。他们害怕每一件不合常规的事情，这是可以理解的。我曾在埃尔贡山（Mount Elgon）以南的地区待过一段时间，那里有很多食蚁兽。食蚁兽是一种胆怯的动物，通常在夜间活动，因此比较少见。如果有人碰巧在白天看见一只食蚁兽，土著人就会认为这是一件不同寻常且极不自然的事情，他们的惊讶程度不亚于我们在发现一条逆流而上的小溪时感到吃惊的程度。如果我们了解真实的情况，即河水之所以逆流，是因为它突然克服了地心引力的作用，那这样的消息就会让我们非常担忧。我们知道自己的周围有大量的水，因此很容易想象，如果水不再遵循地心引力定律将会发生什么情况。原始人在面对他们世界里所发生的事件时，情形也是这样的。他们对于食蚁兽的习性了如指掌，但当它们当中的一只违背了自然的法则时，那它所需要的活动范围就无法估量了。原始人对事物的本来面貌有着深刻的印象，如果一件事情违背了他们世界的规则，那他们就会面临种种无法预测的可能性。这样一个例外是一种不祥之兆，是一种凶兆，堪比彗星、日食或月食。因为在他们看来，食蚁兽在白天出现，是一件没有自然原因的非自然事件，因此其背后必然有某种看不见的力量。这种力量会使宇宙法则失效，它会使人感到恐慌，必然会唤起人们采取不同寻常的安抚措施和自我防御行为。他们必定会喊来邻近的村民，不惜一切代价把那只食蚁兽挖出来，然后杀死。另外，那个看见食蚁兽之人的最年长的舅舅必须献祭一头牛。那个看见食蚁兽的人要跳进祭献坑里，接受牛的第一块肉，随后，他的舅舅及其他参加仪式的人也跟着吃这头牛的肉。通过这种方式，来自自然的危险且无常的力量就消除了。

至于我们，如果水不明原因地开始往山上流的话，我们肯定会感到恐慌，但如果白天看见食蚁兽，看到一个新生的白化病患者或者日食、月食之类的事情，我们并不会感到吃惊。我们知道这样一些事件的意义和作用范围，但原始人不知道。对他们来说，一件件普通的事件组成了一个连贯的整体，其中包括他们自己以及其他所有的生灵。因此，他们极其保守，别人平时怎么做，他们便跟着怎么做。不论在什么地方，只要发生了破坏这个整体之连贯性的事情，他们就会觉得其秩序井然的世界里出现了裂缝。一旦出现裂缝，任何事情都有可能发生——天知道会发生什么。所有在任何一个方面有些引人注目的事情，都马上会被人同这一异常事件联系起来。例如，有一位传教士在他的房子前面竖起一根旗杆，为的是能在星期天升起英国国旗。但是，这一单纯的乐趣却使他付出了惨重的代价。他的这一举动不仅奇特，而且令人不安，不久之后，一场灾难性的暴风雨从天而降，而旗杆自然成了人们眼中的罪魁祸首。这就足以引发一场反对该传教士的起义了。正是普通事件的规律性，才使得原始人在他们的世界里拥有了一种安全感。在他们看来，每一个例外事件都是一种不可控的力量所发出的威胁性举动，必须将其消除。它们不仅暂时性地中断了事物的正常进程，而且还预示着其他不详的事件。

这样的事件之所以让我们觉得十分荒谬，那是因为我们忘了自己的祖父母和曾祖父母是怎样看待世界的。一头牛犊生下来就有两个头、五条腿。在隔壁村子里，有只公鸡下了一个蛋。一个老太太做了一个梦，梦见天空中出现了一颗彗星，不久，邻近的小镇上就发生了一场大火灾，次年战争爆发。从远古时期一直到 18 世纪，历史都是以这种方式记载的。这种将事实一一罗列出来的做法，虽然对我们而言毫无意义，但对原始人来说却意义重大、令人信服。而且，与我们的预期截然相反的是，他们的发现却相当有道理。他们的观察力相当可靠。由来已久的经验告诉他们，这样的联系是真实存在的。在我们看来，将孤立、偶然的事件堆积在一起是毫无意义的——这是因为我们只关注独立的事件，以及这些事件发生的具体原因——但在原始人看来，这种堆积却完全符合逻辑，包含了一系列征兆以及它们所预示的事件，它是以一种前后完全一致的方式表现出来的邪恶力量的致命的爆发。

那头长着两个头的牛犊与战争完全是同一回事，因为这头牛犊只不过是战争的预兆。原始人认为，这种联系之所以毋庸置疑、令人信服，是因为就世界上的事情而言，偶然事件的变化无常要比规律性和符合规律重要得多。他们密切关注不同寻常的事件，因此，他们比我们更早发现偶然事件都是成组发生或连续发生的。所有从事临床工作的医生都知道病例会重复出现这一规律。乌兹堡有一位精神病学老教授，每当遇到特别罕见的临床病例总是说："先生们，这是一个极为特别的病例——明天我们还将会遇到一个与它相似的病例。"我曾在一家精神病院工作过八年，在这八年间，我也经常观察到这样的事情。有一次，医院接诊的一位患者处于罕见的意识模糊状态（twilight-state of consciousness）——这是我平生第一次见到这种病例。没出两天，医院又接诊了一位相似的患者，不过这也是最后一个。“病例复现”（Duplication of cases）是我们在诊所里开的一个玩笑，但从远古时代起，“复现”就是原始科学中的一个事实。最近，有一位研究者大胆地提出了这样的观点：“巫术就是丛林中的科学。”毫无疑问，占星术及其他占卜方法都可以被称为古代的科学。

有规律地发生的事情之所以很容易观察到，是因为我们已经对它有所准备。只有当事件发生的进程被任意武断地以一种难以理解的方式打断时，我们才需要知识和技能。通常情况下，被委以观察事物这一重任的，是部落里最聪明、最敏锐的人。他的知识必须足以解释所有不同寻常的事件，而且，他的本领必须足以战胜这些事件。他是偶然事件这一主题的学者、专家和行家，同时也是部落传统知识的档案保管者。他受到部落成员的尊敬和敬畏，享有巨大的权威，但却又不那么至高无上，以至于他的部落成员私下里深信，附近的部落里有一位比他更为强大的巫师。最好的药物从来都不能在近处找到，而只能在尽可能远的地方找到。我曾在一个部落里待了一段时间，他们对其年长的巫医极为敬畏。不过，他们也只是在牛和人有小毛病的时候才去请教他。若碰到任何严重的疾病，他们就会从外地另请一位权威人物——花费重金把一位远在乌干达的巫师请来——这种做法与我们别无二致。

偶然事件通常成系列或成组出现，数量或多或少。在预报天气时，有一条古老的、屡试不爽的规律是，如果接连几天都是下雨，那么明天也会下雨。常言道：“祸不单行。”还有一句是：“不雨则已，一雨倾盆。”这些众人皆知的智慧就是原始的科学。人们相信它，敬畏它，然而，受过教育的人却觉得好笑——直到某件不同寻常的事件发生在他们身上为止。我要向你们讲一个颇不愉快的故事。我认识一位妇人，一天早上，她被床头柜上传来的一阵奇怪的声音吵醒了。她四处查看了一下，找到了原因：原来是她的大玻璃杯上部四分之一处裂开了。这让她感到非常奇怪，她按铃又要了一个玻璃杯。大约 5 分钟后，她又听到了同样的奇怪声响，杯子的顶部又裂了一圈。这一次，她感到非常不安，又让人送来第三个玻璃杯。不到 20 分钟，同样的声音又响了起来，杯子的顶部又裂了一圈。这样的事故连续发生了三次，三次对她来说太多了。她当场就放弃了对自然原因的信仰，并搬出了“集体表象”取而代之——她开始相信有一种不可控制的力量在发挥作用。许多现代人都曾遇到过这样的事情——只要他们不是太过顽固——当他们遇到无法用自然因果关系来解释的事件时，就会改变信仰。我们自然宁可否认这样的事件。它们之所以令人不快，是因为它们打乱了我们世界的有序进程，并使得一切事情看起来都有可能发生。这种事件在我们身上所产生的影响表明，原始的心理还没有消亡。

原始人相信存在不可控制的力量，这绝非人们一直以来所认为的空穴来风，而是有经验作为其基础。我们通常称之为迷信的东西，在偶然事件的分组中被证明是有一定道理的。不同寻常的事件在同一时间、同一地点发生，是有一定概率的。我们不要忘了，在这个方面，我们的经验并非完全可信。我们的观察并不充分，因为我们的观点使得我们忽略了这些事情。例如，我们绝不会严肃认真地把我们身上所发生的下列事件当成一个序列：早上，一只鸟飞进了你的房间；一小时后，你在街上目睹了一起车祸；下午，你的一位亲戚过世了；晚上，你的厨师把汤碗打翻了；深夜，当你回到家，发现钥匙不见了。而原始人则不会忽略这一系列事件中的任何一件，因为其中的每一个环节都与他们的预期不谋而合。而且，他们是正确的——他们的正确性远远超过了我们所愿意承认的程度。他们对之流露出焦虑的预期是合理的，而且相当有用。他们坚称，这样的一天是不吉利的，所以，在这天应该什么事情都不做。在我们的世界中，这样的事情会被斥责为一种迷信，但是，在原始人的世界里，这却是非常恰当的识时务之举。与我们受到保护且富有规律的生活相比，原始世界里的人们所遭遇的偶然事件要多得多。当你到了荒郊野外，你是不敢太过乱碰运气的。欧洲人很快就体会到了这一点。

一个普韦布洛印第安人（Pueblo Indian），如果感到情绪不对，他就不会去参加族人的集会。一个古罗马人，如果在离开家的时候被门槛绊了一下，他就会放弃当天的计划。这在我们看来是毫无意义的举动，但是在原始的生活条件下，这样一种征兆至少会让人谨慎行事。当我不能完全控制自己时，我的身体的活动可能就会受到一定程度的限制；我的注意力就会容易分散；我还会有点儿心不在焉。结果，我就会撞上什么东西、被什么东西绊倒、失手摔掉什么东西，或者忘记做什么事情。在文明社会中，这些都只不过是芝麻小事，但是在原始森林里，这些则意味着致命的危险。在满是鳄鱼的河面上，架一根被雨水浸透的树干，走在上面，迈错一步都将送命。又比如，我在茂密的丛林中丢失了指南针，或者忘了给步枪装子弹就闯进了丛林中犀牛聚集的地方。如果我满脑子都想着自己的事情，那我就可能会踩到一条鼓腹毒蛇。在夜幕降临时，如果我没有及时穿上防蚊靴，那么 11 天后，我就有可能死于热带疟疾。而如果我在洗澡时忘了闭紧嘴巴，就足以让自己感染致命的痢疾。在我们看来，注意力不集中是导致这些事故的自然原因。但原始人却认为，这些事故是受到客观制约的凶兆或巫术。

但是，也许这不只是一个注意力不集中的问题。我曾去过位于埃尔贡山南部基多希（Kitoshi）地区的卡布拉斯（Kabras）森林旅行。在那里的茂密草丛中，我差点踩到一条鼓腹毒蛇，幸好及时跳开了。下午的时候，我的同伴打猎回来，面色死一般的苍白，四肢都在发抖。他险些被一条 7 英尺[①]长的树眼镜蛇咬到，这条蛇从一个白蚁穴上猛地扑向了他的后背。毫无疑问，要是他没有在最后关头一枪打中这条蛇，他一定就死于非命了。到了晚上 9 点钟，我们的营地遭到了一群饥饿的鬣狗的袭击，这些鬣狗曾在头一天晚上把一个人从睡梦中吓醒并咬伤了他。虽然有篝火在燃烧，但它们还是冲进了厨师的小屋，把厨师吓得一边大声叫喊着，一边翻过围栏，跑了出来。此后，我们整个旅行过程中再也没有遇到过这样的事故。这样的一天便足以让我们当中的黑人深思了。在我们看来，这只不过是事故频发的一天罢了，但对他们来说，这却是一个凶兆所导致的不可避免的结果，这个凶兆是我们在旅程的第一天进入荒野时发生的。当时的情况是这样的：我们正在试图渡过一条小溪，但却连人带车全部掉进了水里。当时这些黑人男孩互相使了一下眼色，好像是在说："看吧，这下开了个好头。""屋漏偏逢连夜雨"，这时天又下起了一场热带雷雨，把我们一个个淋成了落汤鸡，以至于我因此发了好几天烧。在我的朋友外出打猎差点送命的那个晚上，当我们几个白人坐在一起面面相觑时，我忍不住对他说："我感觉麻烦好像在更早之前就已经开始了。你还记得我们出发之前在苏黎世你告诉我的那个梦吗？"当时，他做了一个让人印象非常深刻的噩梦。他梦见自己正在非洲打猎，突然遭到一条巨大的树眼镜蛇的袭击，他吓得大叫一声，惊醒过来。这个梦让他非常不安，此

① 1 英尺约合 0.3 米。——译者注

时，他对我承认说，他认为这个梦预示着我们当中有一个人会死。当然，他曾以为会死的人是我，因为我们总是希望会死的是“别人”。但是，后来恰恰是他自己生病了，得了严重的疟疾，并因此在鬼门关走了一遭。

一个生活在世界上某个没有毒蛇、没有疟蚊的角落里的人，在阅读这样的对话时，常常会觉得不以为然。我们必须想象，在热带的一个夜晚，天空呈现天鹅绒般的蓝色，原始森林中一棵棵巨大的树干投下了大片阴影，夜空下传来一阵阵神秘的声音，一堆孤独的篝火旁架着上了镗的步枪，还有蚊帐、烧开后可以饮用的沼泽水，除了这些以外，最为重要的是，一位年老的南非白人清醒表达的一个信念：“这里不是人类的国度——而是上帝的国度。”在这里，掌权者不是人类，而是自然——动物、植物和微生物。有了与这个地方相匹配的心境之后，我们便能够理解，为什么在别处让人失笑的事物，在这里却显露出了意义。这是一个充满了不受控制而又变化无常之力量的世界，而原始人却不得不每天与这样一个世界打交道。对他们来说，不同寻常的事件绝非儿戏。他们有自己的结论：“这不是一个好地方”“今天不吉利”，而又有谁知道，通过遵循这些警告，他们避免了多少危险？

“魔法就是丛林中的科学。”一个征兆往往就会让原始人立即调整行动进程，放弃已有计划，并转变态度。鉴于偶然事件通常都是接连发生的，而且原始人完全没有意识到心理上的因果关系，因此，这些都是非常适宜的反应。多亏了我们片面地强调所谓的自然因果关系，我们才学会了将主观的、心理的东西与客观的、自然的东西区别开来。相反，在原始人看来，在外部世界中，心理的东西与客观的东西是合而为一的。在面对异乎寻常的事物时，并不是他们很震惊，而是事物本身非常惊人。它是神力（*man*a）——一种被赋予了魔力的超自然力量。在他们看来，我们所说的想象和暗示的力量是一种从外部施加在他们身上的无形力量。他们的国家既不是一个地理上的实体，也不是一个政治上的实体。那是一片包含了他们的神话、宗教，以及他们所有的思想和情感（虽然他们并没有意识到这些功能）的领土。他们的恐惧局限于某些“不吉利”的地方。死去之人的灵魂栖居在这片或那片树林里；山洞里住着魔鬼，任何走进山洞的人都会被勒死；远处的山上住着条大蟒蛇；那座小山便是传说中某位国王的墓地；凡是靠近这眼泉水、那块石头或那棵树的妇女都会怀孕；那个浅水滩有蛇精把守着；这棵参天大树会发出声音，呼唤某些人的名字。原始人是不懂心理学的。心理事件往往以一种客观的方式发生于他的外在世界。就连他们梦中见到的事物，在他们看来似乎也是真实的；而这就是他们关注梦的唯一缘由。埃尔贡搬运工人坚持认为，他们从来都不做梦，只有巫师才会做梦。于是我就问巫师是否如此，他对我说，自从英国人入侵了这片土地，他便不再做梦了。他告诉我，他的父亲仍然会做“大的”梦（big dreams），由此得以知晓羊群走失去了哪里，母牛在何处生小牛，战事何时会发生，瘟疫何时会流行。此时，地区长官（District Commissioner）成了那个无所不知的人，而他们自己则变得一无所知了。他和一些巴布亚人（Papuan）一样顺从，也认为那些鳄鱼多半都投靠英国政府去了。有一次，一名土著犯人从当局手里逃了出来，但在试图过河的时候被鳄鱼咬得血肉模糊。于是，他们得出结论说，这条鳄鱼一定是属于警方的。他告诉我，现在上帝只在英国人的梦里讲话，而不再对埃尔贡人的巫师讲话了，因为权力已经掌握在了英国人的手中。梦的活动范围已经迁居他处。有时候，土著人的灵魂会游移他乡，巫师就会像抓鸟一样把它们捉住，关在笼子里；有时候，一些陌生的灵魂会迁入他们的村庄，并带来疾病。

心理事件的这种投射（projection），自然会导致人与人、人与动物、人与事物之间建立起在我们看来不可思议的关系。有一次，一个白人射杀了一条鳄鱼。消息一传开，马上就有一大群人从邻近的村子里跑来，激动地要求他赔偿。他们解释说，这条鳄鱼是他们村的一位老妇人，在他开枪的那一刻，那位老妇人过世了。这条鳄鱼显然就是她的丛林灵魂（bush-soul）。还有一次，一个人射杀了一只正准备袭击他的牛的猎豹。就在那一刻，附近村子里的一名妇女死了。于是，她与那只猎豹就被当成了同一体。

列维-布留尔造了一个词，叫“神秘参与”（*participation mystique*），用来表示这些奇特的关系。在我看来，用“神秘”一词不太恰当。原始人并不认为这些事有什么神秘之处，而认为它们是完全自然的。只有我们才会觉得这些事很奇怪，因为我们似乎对这些心理现象（psychic phenomena）[①] 一无所知。然而实际上，这些心理现象也发生在我们身上，只不过我们用了更为文明的方式来表达它们而已。在日常生活中，我们总是认为，他人的心理过程与我们的心理过程是一样的。我们以为，令我们愉悦或向往的事物，同样也能令别人愉悦或向往，而我们认为不好的事物，在别人眼里同样也不好。直到最近，我们的法庭才采用了一种心理学的立场，在宣判的时候承认罪行的相对性。胸无城府的人仍然痛恨“朱庇特可为之事，公牛不可为”（*quod licet Jovi non licet bovi*）的教义。“法律面前人人平等”依然是人类的一项伟大成就，至今都没有被超越。但我们仍然不愿意承认自己身上所存在的一切邪恶、低劣的品性，而把所有这些品性都归咎于“别的人”。我们之所以必须批评

① 这里的心理现象指的是分裂和投射。——译者注

和攻击他人，原因就在于此。然而，在这样一种情况下，低劣的“灵魂”会从一个人转移到另一个人身上。这个世界上到处都是衣冠禽兽和替罪羔羊，就像过去的世界里满是巫师和狼人一样。

心理投射（psychic projection）是心理学中最为常见的事实之一。它与列维-布留尔所说的神秘参与是同一回事，不过，列维-布留尔认为神秘参与是原始人所独有的特征。我们只不过是给它起了另外一个名字，而且通常情况下，我们并不承认自己因此而感到内疚。我们自己身上一切属于无意识领域的东西，往往都可以在隔壁邻居身上看到，然后，我们会据此对待我们的邻居。虽然我们不再让他们喝毒药，也不会用火烧死他们，或者用钉把他们钉死，但是，我们会怀着最深的信念，宣布一定要用道德来裁决他们。而通常情况下，我们在邻居身上看不惯的东西，却恰恰是我们自己低劣的一面。

道理其实很简单：原始人之所以比我们更容易产生投射，是因为他们的心理尚处于未分化状态，不能进行自我批评。在他们看来，每一件事情都是完全客观的，他们的语言也明显地反映了这一点。我们稍微发挥一点幽默感，就能在脑海里描画出一个豹女（leopard woman）的样子。我们常常把人比作一只鹅、一头母牛、一只母鸡、一条蛇、一头公牛或者驴。这些都是我们很熟悉的用来挖苦人的不雅绰号。但是，当原始人赋予一个人“丛林灵魂”的时候，其中并不含有道德裁决的毒药。原始人太崇拜自然了，他们是不会这样做的；他们太过关注事物本身的样子了，所以不会轻易地做出判断，因此也就不会像我们一样倾向于做出道德裁决。普韦布洛印第安人实事求是地宣称，我属于熊图腾（Bear Totem）——换句话说，我是一头熊——因为我爬下梯子的时候不像人一样面向梯子，而是背向梯子，姿势就像熊一样。如果一个欧洲人说我有熊性，那他话里的含义可能和原始人没有什么大的出入，只是在意义上稍微有一点差别而已。我们在原始社会中遇到丛林灵魂这一主题时，曾觉得它非常奇怪，但现在在我们看来，它与许多其他事物一样，都只不过是一种修辞手段而已。如果要对这些比喻做具体的解释，那我们就要回到一种原始的观点。例如，我们有一个医学术语叫“处理病人”（handle a patient），具体地说，这个术语的含义是把手放到患者身上，用手来进行治疗。而这正是巫师对他的病人所做的事情。

我们之所以觉得丛林灵魂很难理解，是因为这样一种看待事物的具体方式会让我们感到困惑。我们无法把“灵魂”想成一个实体，可以转移并栖息在一头野兽身上。当我们把某个人描述为一头驴的时候，我们并不是说他在各个方面都像驴这种四足动物。我们的意思是，他在某一特定方面跟驴很像。就问题中所涉及的这个人而言，我们只是将其人格或心理的一个部分隔离了开来，并用驴的意象来将这个部分加以具体化。因此，对原始人来说，豹女是真有其人，只是她的丛林灵魂是一头豹子。在原始人看来，既然一切无意识心理生活都是具体的、客观的，那么，他们就会推测，如果一个人可以被描述为豹子，那她就拥有豹子的灵魂。如果将这种具体化再推进一步的话，那他们还会认为，这样一个灵魂以一头真实豹子的形态居住在丛林里。

这些由于心理事件的投射而产生的认同（identifications）创造了一个世界，在这个世界中，不仅包含人的肉体，还包含人的心理。他在某种程度上与这个世界合为一体了。人绝不是这个世界的主人，相反，更确切地说，他只是这个世界的一部分。例如，在非洲，原始人还远远没有达到因为拥有人类权力而获得赞誉的境界。他们连做梦也想不到要把自己当成造物主。他们动物分类学的顶端不是人类（*homo sapiens*），而是大象，其次是狮子，然后是蟒蛇或鳄鱼，接下来才是人类以及其他较为次要的生物。他们从未想过自己有可能支配自然；只有文明人才竭力想要支配自然，并因而竭尽全力去发现自然的原因，因为这些自然原因是他们打开自然秘密实验室大门的钥匙。正因为如此，文明人才极为痛恨不可控制的力量，并千方百计否认它们的存在。这些不可控制的力量的存在，也就等于证明了他想要支配自然的企图终究是徒劳。

总而言之，我们可以说，原始人的突出特点在于他们对待变幻无常之偶然事件的态度，他们认为，对于宇宙间发生的事件而言，偶然因素要比自然原因重要得多。偶然事件有两个方面：一方面，它们事实上通常成系列出现；另一方面，它们通过无意识心理内容的投射——换句话说，通过神秘参与——而被赋予了一种明显的目的性。诚然，原始人并没有做这种区分，因为他们非常彻底地将心理事件投射了出来，以至于和物理事件融为了一体。在他们看来，意外事件是一种不受控制而又有意图的行为——是一种有生命的存在做出的干扰——因为他们没有认识到，只有当他们在不同寻常的事件上投入了自己的惊讶或恐惧这些内心力量时，这些事件才能影响到他们。在这里，我们确实要谨慎行事。一件事物是因为我们觉得它美才变美的吗？众所周知，古往今来有很多伟大的思想家都曾绞尽脑汁思考过这样一个问题：究竟是太阳的光辉照亮了世界，还是人类的眼睛凭借它与太阳的关系而看到了世界？原始人相信是太阳照亮了世界，而文明人则认为是眼睛看到了世界，不管怎样，到目前为止，只要他们进行思考，且不犯诗人的通病就行。为了支配自然，他们必须除去自然的心理属性；而为了客观地看待世界，他们必须将自己所有的原始投射都收回。

在原始的世界里，一切都具有心理的属性。一切事物都被赋予了人的心理的元素，或者也可以说，被赋予了人类心理的元素，被赋予了集体无意识的元素，因为那个时候还不存在个体的心理生活。在这一点上，我们不要忘了基督教洗礼这一神圣仪式的意图，它对人类心理的发展起着至关重要的作用，洗礼赋予人类一颗独特的灵魂。当然，我并不是说洗礼仪式本身是一种具有魔力的、会产生立竿见影效果的行为。我的意思是，洗礼的观念能把人从对世界的原始认同中提升出来，把他变成一个超越于其之上的人。人类提升到这个观念的层次，这一事实就是最深刻意义上的洗礼，因为它意味着一个超越了自然的精神人（spiritual man）的诞生。

在对无意识的研究中，有一条自明之理，即一旦有机会，每一项相对独立的心理内容就会被拟人化。在精神病患者的幻觉和灵媒传递的口信中，我们可以非常清晰地看到这一点。无论何时，无论何地，只要一个有自主性的心理成分被投射出去，就会产生一个看不见的人。这就解释了为什么一次普通的降神会上会出现幽灵，以及为什么原始人会看到鬼魂。如果将一个重要的心理内容投射到某个人身上，那么，他就会变成一种超自然的力量——也就是说，他就会被赋予能够产生非同寻常之效应的能力。他或她往往会变成一个巫师、女巫、狼人，等等。原始人相信，巫师常常会捕捉在夜间游荡的灵魂，并把它们像鸟一样关进笼子里，这种信念就恰好证明了这一点。心理投射赋予了巫师超自然的力量，这些超自然的力量能够使动物、树木和石头开口说话，因为它们是心理活动，因此它们会迫使个体不得不信服。出于这一原因，一个精神病患者会任由自己声音的摆布，却束手无策。所投射出来的，是他自己的心理活动。他意识不到，他自己就是那个用他的声音说话的人，同时也是那个听到、看到并服从的人。

原始人相信，偶然的不可控的力量与神灵和巫师的意图相对应，从心理学的观点看，这一信念是极为自然的，因为这是从他们所看到的事实中得出的必然结论。在这一点上，我们千万不可自欺欺人。如果我们向一个聪明的土著人解释我们的科学观点，他一定会认为我们迷信得可笑，而且会说我们的逻辑性缺乏到丢人。他相信，世界因为太阳的照耀而明亮，而不是因为人的眼睛看到才明亮。我的朋友山湖（Mountain Lake）是普韦布洛的一名酋长，有一次，他非常严肃地让我解释清楚，因为我说出了奥古斯丁（Augustinian）的教义：太阳不是神，而是神创造了太阳（*Non est hic sol Dominus noster*，*sed qui illum fecit*）。他手指着太阳，非常愤怒地说："一直在天上行走的太阳是我们的父亲。你可以看到他。他是一切光和生命的来源——世界万物都是他创造出来的。"他激动得说不出话来，最后，他喊道："就连一个独自进山的人，离了他也无法生出火来。"这些话把原始人的观点完美地表达了出来。支配我们的力量来自于外部世界，我们只有凭借这种力量才能存活下去。在我们身上，宗教思想依然保持着这一原始的心理状态，尽管我们这个时代已经没有了神，但是，无数人仍然以这种方式思考问题。

在谈及原始人对变化无常之偶然因素所持的看法时，我曾表达过这样一个观点，即这种态度是服务于某一目的的，因而具有某种意义。我们能否至少暂时在这里大胆假设，原始人对不可控力量的信念是以事实为依据的，而不仅仅从心理学的视角看才有其合理性？这个假设听起来极为惊人，但是，我并不打算才出油锅又跳火坑，去证明巫术是真实存在的。我只想探讨一下，如果我们采纳原始人的观点，也假定一切光明都来自于太阳，事物本身是美丽的，且一个人的部分灵魂是一只豹子，那么，我们将得出什么样的结论。通过这样做，我们便接受了原始的神力观念。根据这种观点，美的东西会打动我们，而不是我们创造了美。某一个人是魔鬼——我们并没有将我们自己的邪恶投射到他身上，从而使他变成魔鬼。有些人——具有神力人格的人——本身就让人印象深刻，而绝不是我们的想象力使然。神力的概念认为，外部世界中存在着某种分布广泛的力量，它们会产生许多异乎寻常的效应。凡是存在的事物，都会起作用，否则，它就不是真实的。是它固有的能量才使得它成了真实的。存在是一种力场（field of force）。正如我们所能看到的，原始人的神力观念从本质上说是一种粗糙的能量理论。

现在，我们很容易就能理解这种原始的观念了。但当我们试着进一步探究其含义时，就会遇到困难，因为它们与我上面讲到的心理投射过程完全相反。这些含义是这样的：使一名巫医成为巫师的，不是我们的想象力，也不是我们的敬畏；相反，他本身就是一名巫师，他把自己的魔力投射到了我们身上。鬼魂并不是我们心理的幻觉，而是自己出现在我们面前的。尽管这些陈述是从神力观念中合理地推论出来的，但我们还是犹豫再三，不愿接受，而开始四处寻找更能让我们感到舒心的心理投射理论。这个问题无非就是：通常情况下，心理，也就是精神或无意识，是从我们内心产生的吗？或者说，在意识的早期阶段，心理实际上是否以不可控制之力量的形式存在于我们之外，它们拥有自己的意图，并在心理发展的过程中慢慢地进入我们的内心？分裂的心理内容，用我们现代的术语来说，一直都是个体心理的组成部分，还是从一开始就是独立存在的心理实体，按照有关鬼魂、祖先的灵魂之类的原始观念而存在？它们是在人类发展过程中逐渐体现在人类身上，从而逐渐慢慢地在内心构筑起我们现在称之为心理的世界的吗？

这整个观念都让我们感到充满了矛盾和危险，不过，我们有能力理解类似的东西。不仅笃信宗教的老师，而且普通的教员也都认为，往人类心理中植入以前没有的东西，是有可能的。暗示和影响的力量就是一个事实证据；甚至最为时兴的行为主义（behaviourism）也希望在这个方面得出一些影响深远的结果。有关心理建构之复杂性的观点，以原始的形式表现在了许多广泛传播的信念中，例如，鬼魂附体、祖先的灵魂转世、灵魂的转移，等等。当有人打喷嚏，我们现在依然会说："上帝保佑你。"意思是说"我希望新的灵魂不会伤害你。"在我们自身的发展过程中，当我们经历许多矛盾冲突，最终塑造出一个统一的人格时，我们会觉得，自己好像也经历了一个复杂的心理成长过程。既然人的身体由一些孟德尔单位（Mendelian units）所携带的遗传因子构建而成，那么，人的心理以相似的方式聚合而成也不是完全不可能的。

我们当今的唯物主义观点中存在的一种倾向，也可以在原始思想中看到。不论是当今的唯物主义观点，还是原始的思想，都得出了这样一个结论，即个体只不过是一个结果（resultant）：首先，他是自然因素导致的结果；其次，他是偶然事件导致的结果。根据这两种说法，人的个性并非凭其自身而独立存在，而是客观环境中所包含的各种力量的偶然产物。这与原始人有关世界的观点完全一致，原始人认为，单个的人绝不是独一无二的，而始终都可以与其他任何一个人相互交换，是可有可无的。通过这种狭隘的因果关系论，现代唯物主义又回到了原始人的立场上。但是，唯物主义者比原始人更为激进，因为唯物主义者比原始人更加系统些。原始人的观点前后不一致，但这也是他们的优势，他们把超自然的神力人格当成是一个例外。在历史的演变过程中，这些拥有超自然神力人格的人被抬高到了神的地位；他们变成了英雄和国王，由于吃了返老还童的食物而与众神一样长生不老。在原始社会中，我们也可以找到这种有关个体长生不老及价值永存的观念，尤其是在他们对于鬼魂的信仰，以及那个时代的神话故事中，当时，死亡还没有因为人类的疏忽或愚蠢而降临到世界上。

原始人没有意识到他的观点中所存在的这个矛盾。我们遇到的搬运行李的黑人很肯定地对我说，他们并不知道自己死后将会发生什么。在他们看来，人死了就是死了；他不再呼吸，尸体被抬到了丛林中，让鬣狗吃掉。这是他们白天的想法，但晚上就不是这样了：到处游荡着死者的灵魂，它们给人畜带来疾病，袭击并勒死在夜间行走的游人，它们还会干出其他一些暴力举动。原始人的头脑中常常充斥着这样的矛盾想法。这些矛盾想法会让一个欧洲人担心得要死，但他却忘了，其实在我们的文明社会中，也存在着一些非常相似的东西。我们有一些大学认为，神的干预（divine intervention）这个观点是不值一提的，但是，神学（theology）却是课程设置的一部分。一位自然科学研究者可能会认为，把某些动物物种身上所发生的最为细微的变异都归结为是上帝所为，简直是一派胡言，但是，在他内心的一个角落，却存放着非常虔诚的基督教信仰，每到礼拜天他都会把这个信仰拿出来展示一番。既然如此，我们又何必因为原始人的前后矛盾而大惊小怪呢?

从原始人的粗浅思想中是不可能衍生出任何哲学体系的。它们只能给我们提供一些自相矛盾的观念（antinomies)。然而，正是这些自相矛盾的观念，成了一切心理能量的不竭源泉，并为所有时代、所有文明提供了思考的问题。原始人的“集体表象”（collective representations）的确是深奥的现象，还是仅仅只是看上去深奥呢？我无法回答这个大难题，但是我可以讲一讲我在埃尔贡山区的部落里所观察到的一些现象。我四处搜寻和打听有关宗教观念和宗教仪式的蛛丝马迹，结果一连几个星期都没有任何发现。当地的土著人允许我去任何地方查看，并毫无保留地给我提供信息。我不需要翻译帮忙便可以跟他们交谈，因为很多老人都会讲斯瓦希里语（Swahili）。一开始，他们还有些不情愿，但熟悉了之后，他们便很热心友善地接待了我。对于宗教习俗，他们一无所知。但我没有放弃，最终，在又一次毫无收获的谈话快要结束时，一位老人大声说："清晨，当太阳升起的时候，我们走出小屋，把口水吐在掌心上，然后把手举起来对着太阳。"我让他们把这个仪式演示了一下，并请他们做了精确的描述。他们把手放在嘴巴前，用力地把唾沫吐在手心上或者朝着手心吹气。然后，他们把手翻转过来，手掌朝着太阳。我问他们这么做有什么意义，他们为什么要在手心上吐唾沫或者吹气。我问的这个问题毫无意义。因为他们回答我说："我们一直都是这样做的。"若想得到一个解释，是不可能的，于是，我彻底相信，他们只知道要做什么，但不知道为什么要这样做。他们不知道自己这样做有什么意义。他们也常常用同样的姿势来迎接新月。

让我们做一个这样的假设：我第一次来到苏黎世，我来到这座城市的目的是调查当地的习俗。首先，我在郊区安顿了下来，附近有一些人家，慢慢地，我和这几家人有了一些接触。之后，我对缪勒（Müller）先生和梅耶（Meyer）先生说："请你们给我讲一讲你们的宗教习俗。"两位先生都吃了一惊。他们从来都不去教堂，对教堂的事一无所知，并断然否认他们有任何的宗教习俗。一天早晨，我惊奇地发现缪勒先生正在做一件奇怪的事情。他在花园里忙碌地跑来跑去，把一些彩色的蛋藏了起来，并放置了一些奇特的兔子玩偶。我当场（*in flagrante delicto*）抓住他。"你为什么对我隐瞒这个如此有趣的仪式？"我问他。"什么仪式？"他反问我，"这不算什么仪式。复活节的时候，每一个人都这么做。""可是，这些玩偶和彩蛋的意义是什么——你为什么要把它们藏起来呢？"缪勒先生愣住了。他一无所知，就像他也不知道圣诞树的意义是什么一样。但是，他依然一直做着这些事情。他很像原始人。埃尔贡人的先祖们知道他们做的是什么吗？很可能不知道。原始人只做他们所做之事——只有文明人才会试图去弄清楚他们做的是什么。

前面提到的埃尔贡人的仪式到底有什么意义呢？显然，这是一种对太阳的献祭，对于这些土著人来说，太阳是茫古神明（*mungu*），也就是超自然的神力，或者是神圣的力量，不过，只有在它升起的那一刻是这样。至于他们把唾沫吐到掌心上的举动，那是因为根据原始人的信仰，唾液中包含着个人的超自然神力，具有治愈疾病、驱邪避魔和维持生命的力量。而至于他们向掌心吹气，那是因为气代表风和灵魂——是 *roho*，在阿拉伯语中是 *ruch*，在希伯来语中是 *ruach*，在希腊语中是 *pneuma*。这个动作意味着：我把我鲜活的灵魂献给了上帝。这是一种无声的、用动作表示出来的祈祷，说出来就相当于这句话："主啊！我愿把我的灵魂献给你。"这仅仅只是巧合，还是说这一思想早在人类出现以前就已经被孕育出来了呢？对于这个问题，我没有答案。

第八章
心理学与文学

心理学既然是关于心理过程的研究，那它显然就可以对文学研究产生影响，因为所有的科学和艺术都是由人类的心理孕育出来的。我们期望，一方面，心理学研究可以解释某件艺术作品是怎样形成的；另一方面，心理学研究也可以揭示是哪些因素导致某个人在艺术方面极具创造性。因此，心理学家面对的是两大单独而又不同的任务，而且这两大任务必须用完全不同的方法来完成。

在分析艺术作品时，我们必须处理的是复杂心理活动的产物，不过，这一产物显然是有目的的，而且是有意识地塑造而成的。而在分析艺术家时，我们必须要处理的则是其心理结构本身。在前一种情况下，我们必须尝试用心理学的方法来分析一项有明确界定的、具体的艺术成就，而在后一种情况下，我们则必须尝试将一个活生生的、具有创造力的人当成一种独特的人格来进行分析。尽管这两大任务息息相关，甚至相互依存，但它们都不能提供给对方所寻求的那种解释。当然，我们或许可以根据艺术作品推断出艺术家的人格特点，反之亦然，但这些推论绝不是定论。它们充其量也就是可能正确的推测或者走运的猜测。如果了解歌德与他母亲之间的特殊关系，我们便多少能够理解浮士德的感叹："母亲——母亲——这听上去是多么奇怪啊!"但是，不管我们在歌德这个人身上多么准确无误地看到这二者之间的深刻联系，我们还是无从得知歌德对母亲的依恋怎样酝酿出了《浮士德》这出戏剧。反过来推理，即使我们从《浮士德》下手亦是徒劳无功。在《尼伯龙根的指环》（*The Ring of the Nibelungs*）中，我们找不到任何线索可以让我们发现或明确推断出瓦格纳（Wagner）偶尔喜欢穿女装的原因，尽管在尼伯龙根那英勇的男性世界与作为男人的瓦格纳身上所具有的病态女人气质之间确实存在着某种隐秘的联系。

心理学当前的发展状况，并不能让我们像期待其他科学一样，也建立起严密的因果关系。只有在心理-生理本能（psycho-physiological instincts）和反射（reflexes）等领域中，我们才能很自信地运用因果关系的观念。但从开始涉及心理生活的那一刻起——也就是说，这是一个比生理本能和反射更为复杂的领域——心理学家就应该满足于对所发生的事件进行某种程度的广泛描述，以及对复杂得有些惊人的头脑做生动描绘。在这样做的时候，心理学家绝不能认定任何一种心理过程是“必然的”。倘若情况不是如此，或者如果我们相信心理学家可以在一件艺术作品以及艺术创作过程中发现因果关系的话，那么，他就会让艺术研究无立足之地，让艺术研究萎缩为他自己那套科学的一个特殊分支。诚然，心理学家永远都不会放弃在复杂的心理事件中探求和确立因果关系。一旦他放弃了，心理学便失去了存在的正当性。不过，心理学家永远都不能在最为充分的意义上做到这一点，因为在艺术中得到了充分展现的生活中具有创造性的一面，会阻碍一切想要对其进行理性阐释的尝试。对刺激的任何反应都可以用因果关系来解释，但是，与纯粹反应截然相反的创造性活动，却是人类永远都无法理解的。我们只能根据其表现形式加以描述；我们可以模糊地感觉到它，但却永远无法完全掌握。心理学和艺术研究的关系始终是相辅相成，而不是互相排斥。心理学有一条重要的原则，那就是：心理事件是可以推导的。而艺术研究的一条原则是，不论所讨论的是艺术作品，还是艺术家本人，心理作品（psychic products）都只是它本身，有它自身存在的意义。尽管这两条原则都有一定的局限性，但它们相对而言都是正确的。

艺术作品

心理学家对文学作品的研究与文学批评家对文学作品的研究之间，存在一种本质的区别。在后者看来至关重要且颇具价值的内容，对前者而言或许毫不相干。那些备受争议的文学作品，常常是心理学家最感兴趣的。例如，那些所谓的“心理小说”，根本不像有文学头脑的人所预设的那样能让心理学家觉得有价值。就整部作品而言，这样的小说能够清楚地表明自己的意思。它做完了自己的心理学解释工作，心理学家所能做的，至多是对它的这种解释进行批评或者加以扩展。至于某一个特定的作者究竟是怎样写出某一部小说的这个重要问题，目前当然还没有答案，不过，我想把这个普遍的问题留到本章第二部分去讨论。

对心理学家来说，最富有成果的小说是那些作者未对其人物角色进行心理学解释的小说，因为这样的小说为分析和解释留下了余地，或者甚至它们的表现形式本身也能吸引心理学家去分析和解释。这种写作风格的典型例子有伯努瓦（Benoît）的小说、赖德·哈格德（Rider Haggard）式的英国小说，其中包括柯南·道尔（Conan Doyle）所采用的风格，他创作出了最为读者喜爱的侦探小说。我认为，最伟大的美国小说，即梅尔维尔（Melville）的《白鲸》（*Moby Dick*）也属于此类作品。这种激动人心而又明显没有对其进行心理学阐述的作品，便是心理学家最感兴趣的。这类故事在含蓄心理学假设的基础上创作而成，既然作者本人都没有意识到这些假设，那么，它们便会以纯粹的、不含任何杂质的方式呈现出来，等待有洞察力之人的批判。另一方面，在心理小说中，作者自己试图重新编排素材，把它们从粗糙的偶然性水平提升到了心理学探索与阐释的水平——这种做法通常会导致作品的心理学意义变得模糊不清，或者让人根本看不到其中所隐含的心理学意义。外行的人便是从这类小说中寻找“心理学”知识的；但让心理学家觉得最富挑战性的却是另一类小说，因为只有心理学家才能赋予它们更为深层的意义。

到目前为止，我所谈论的都是小说，但我所论述的心理学事实却不仅仅局限于小说这一特定的文学艺术形式。我们在诗人的作品中会遇到这一事实；当我们将戏剧《浮士德》的第一部和第二部放到一起比较时，通常也会遇到这一事实。格雷琴（Gretchen）的爱情悲剧已经把自身解释得非常清楚，心理学家没法增加任何的解释，因为诗人已经用非常优美的文字做了说明。不同于第一部，《浮士德》的第二部却需要解释一番。富于想象力的材料异常丰富，它使得诗人的创作力负担过重，以至于无暇顾及自我解释的工作，从而导致每一行诗句都使读者感到有必要进行解释。《浮士德》上下两部以正反两个极端的方式，清楚表明了文学作品之间存在的心理学差异。

为了强调这种心理学差异，我将把其中一类艺术创作形式称为心理类（*psychological*），而把另一类称为幻觉类（*visionary*）。心理类作品所处理的素材来自于人的意识领域——例如，生活中的经验教训、情感上的波动、激情的体验，以及一般的人类命运——这些内容构成了人的意识生活，尤其是他的情感生活。诗人在心理上同化了这些素材，将它们从平淡无奇升华为诗性的体验，并赋予了它们新的表达方式，使读者获得了更为清晰、更为深刻的洞察力，把他们平日里回避、忽视或仅以一种呆板且不舒适的感觉意识到的内容完全带进了意识之中。诗人的作品阐释并阐明了意识的内容，以及人类生活中反复出现、无法逃避的悲伤或快乐体验。诗人没有给心理学家留下任何工作，除非我们希望心理学家能够解释为什么浮士德会爱上格雷琴，或者是什么驱使格雷琴杀死了自己的骨肉！这些主题是构成人类命运的主题，它们无数次地重复出现，从而也就说明了治安法庭和刑事法典总是千篇一律的原因。它们没有一丝一毫的晦涩难懂，因为它们已经充分地解释了自身。

无数的文学作品都属于这个类型，如众多以爱情、环境、家庭、犯罪和社会为主题的小说、说教诗、抒情诗、悲剧和喜剧，等等。不论具体采用哪种文体，心理类艺术作品总是取材于人类意识经验的广阔领域——我们也可以说，取材于生动的生活场景。我之所以把这一类型的艺术创作称为心理类艺术创作，是因为它们的活动没有超出心理学所能理解的范围。它所包含的一切，包括经验以及对经验的艺术表现，都在可理解的范围之内。甚至连基本经验（basic experiences）本身，虽然是非理性的，但也没什么奇怪的；相反，它们自从人类诞生以来，即为人人所知——如激情及其命中注定的后果，人类受制于多舛的命运，集美丽与恐怖于一身的永恒自然。

《浮士德》第一部和第二部之间的深刻差异，正是心理类艺术创作和幻觉类艺术创作之间的区别。后者的条件与前者截然相反。在幻觉类艺术创作中，用于艺术表达的素材，不再是人们所熟悉的经验。这种素材来自某种存在于人类头脑深处的陌生事物——这表明我们面对的是一条将我们与史前时代分割开来的时间鸿沟，或者是一个黑白分明的超人世界。这是一种超越了人类理解范围的原始经验，因此人类有可能会受它影响。这种经验的价值与力量，是它的巨大范围所给予的。它产生于亘古永存的深渊，它令人感到陌生、冰冷、多面、邪恶且怪诞。它是永恒混沌中一个恐怖而又荒诞的存在——用尼采的话说，它是人类的反叛者（*crimen laesae majestatis humanae*）——它粉碎了我们人类的价值标准和审美标准。与生活场景中的经验相比，这些诡异而又无意义的令人不安的幻象，不管在哪一个方面都超出了人类情感和理解的范围，因此，它们必然会对艺术家的才能提出截然不同的要求。生活场景中的经验从来不曾揭开过那块遮住宇宙的面纱，也从未超越过人类所能达到的范围，因此，这些经验可以按照艺术的要求被塑造出来，而不管对个人来说，这可能是一件多么令人震惊的事情。但原始经验却将那块绘有一个秩序井然之世界图景的面纱撕了个粉碎，从而让人们看到了那个尚未成形的无底深渊。它是其他世界的幻象吗？还是朦胧的精神世界的幻象？抑或是早在人类出现之前的万物起源的幻象？又或是尚未降临的未来世代的幻象？我们无法判定它是其中哪一个，又或者哪个都不是。

> 塑造——再塑造——
> 永恒精神的永恒消遣。[①]

在《黑马牧人书》（*The Shepherd of Hermas*）、但丁（Dante）的作品、《浮士德》第二部、尼采笔下的酒神节繁荣景象、瓦格纳的《尼伯龙根的指环》、斯皮特勒（Spitteler）的《奥林匹亚的春天》（*Olympischer Frühling*）、威廉·布莱克（William Blake）的诗、修道士弗朗西斯科·科隆纳（Francisco Colonna）的《寻爱绮梦》以及雅各布·伯麦（Jacob Boehme）富有哲理与诗意的轻声细语

---

① *Gestaltung*, *Umgestaltung*, *Des ew'gen Sinnes ew'ge Unterhaltung*. (Goethe.)

中，我们都可以看到这类幻象。原始经验以一种更为有限、更为具体的方式为赖德·哈格德的系列小说提供了素材，从而产生了《她》(*She*)；此外，它还为以下作品提供了素材：伯努瓦（Benoît）的《大西洋》（*L'Atlantide*)；库宾（Kubin）的《另一方面》(*Die Andere Seite*)；迈林克（Meyrink）的《绿脸》（*Das Grüne Gesicht*）——这本书的重要性我们不可低估；格茨（Goetz）的《没有空间的王国》（*Das Reich ohne Raum*)；巴拉赫（Barlach）的《死亡之日》（*Der Tote Tag*）。这样的例子不胜枚举。

在探讨心理类的艺术创作时，我们从来都不需要思考素材是由什么构成的、它的含义是什么。但是，一旦涉及幻觉类的艺术创作，我们就不得不思考这些问题了。一接触到这种作品，我们就会惊讶、震惊，不知所措，并会产生戒心，甚至是感到厌恶——而且，我们需要有人对其做出评论和解释。接触这样的作品后，我们想到的不是日常的人类生活，而是梦、黑夜里的恐惧，以及那些时常令我们忧心如焚的内心深处的黑暗。大多数读者都不喜欢读这类作品，除非它们真的以低俗的内容哗众取宠，甚至连文学评论家都为它们感到尴尬。诚然，但丁和瓦格纳为我们理解这类作品扫清了道路。但丁的作品通过介绍历史事实、瓦格纳的作品通过叙述神话故事，给这些幻觉经验披上了一层外衣——这样一来，历史和神话有时就被当成了这两位诗人在创作时所使用的素材。但是，他们作品的感染力和更为深层的意义都不在于历史、神话这些素材，而在于幻觉经验。通常情况下，赖德·哈格德被视为虚构小说的开创者，这是可以理解的。但是对他而言，故事其实主要是一种用于表达重要素材的手段。不管故事情节在整篇小说中所占的篇幅比内容大多少，后者的重要性都远胜于前者。

幻觉类艺术创作中，素材来源的模糊性是一个非常奇怪的现象，它与我们在心理类艺术创作中所发现的情况正好相反。我们甚至会怀疑说，这种模糊性是不是作者在故弄玄虚。我们常常自然而然地认为，弗洛伊德心理学就是这样鼓励我们的，在这些怪诞的黑暗背后，必定隐藏了某种高度个人化的经验。我们希望，这样就能解释我们所窥见的这些奇怪的混沌现象，并理解为什么有时候诗人好像是故意向我们隐瞒他的基本经验。从这样一种看待问题的方式到宣称我们在此处论述的是一种病态的、神经质的艺术，其间只有一步之遥——鉴于幻觉类作品创作者所使用的素材表现出了我们在精神病患者的幻想中所发现的某些特点，那么，这一步便可以证明是合理的。反之亦然。我们经常在精神病患者的精神作品中发现一些本该在天才的作品中才会发现的丰富内涵。追随弗洛伊德的心理学家毫无疑问会倾向于把此处所探讨的作品当成一个病理学问题。他们会假设，我所说的“原始幻觉”（primordial vision）背后还隐藏着一种私密的个人经验——也就是说，这是一种不能被意识观念接受的经验——在这一假设的基础之上，他们会试图解释幻觉中的奇怪意象，称之为掩蔽性形象（cover-figures），并认为它们代表了一种对基本经验的有意隐藏。按照他们的观点，这可能是一种恋爱经验，而这种经验在道德上或美学上与整个人格不相容，或者至少与有意识头脑中某些虚构出来的东西不符。为了使诗人可以通过他的自我来压抑这种经验，使其变得难以辨认（也就是，变成了无意识的内容），一整个病态幻想的军火库都会开始行动起来。除此之外，这种想用虚构代替现实的尝试虽然并不令人满意，但它们必定会在一系列的原创性形象中一次又一次地出现。这就解释了丑陋的、邪恶的、怪诞的、堕落的、富有想象力的形象会大量出现的原因。一方面，它们是不被接受之经验的替代品；另一方面，它们也会帮助人们隐藏这种经验。

尽管严格来讲，关于诗人的人格和心理气质应该放在本章第二部分讨论，但在这里，我却不得不提一提弗洛伊德对幻觉类艺术作品的观点。首先，它已经引起了相当多的关注。其次，它是目前唯一一种广为人知的想对幻觉类素材的来源进行“科学”解释，或者是将这种古怪艺术创作背后的心理过程系统阐释为一种理论的尝试。我认为，我自己关于这个问题的观点并不广为人知，也没有普遍被人理解。因此，在初步讨论之后，现在，我想对其进行简要阐述。

如果我们坚持认为幻觉来源于个人经验，那么，我们必然会把幻觉当成某种次要的东西来对待——仅仅将其当成是现实的替代品。这样的结果是，我们剥夺了幻觉的原始性质，而仅仅把幻觉视为一种症状。于是，那些无所不包的混沌状态便会缩减成一种心理紊乱。对这个问题做这样的解释之后，我们就放心了，因为这使得我们的宇宙图景再次变得井然有序起来。既然我们都讲求实用和理性，那么，我们便不能期望宇宙是完美的，我们必须接受这些我们称之为变态和疾病的不可避免的不完美，并想当然地认为人性当中难免会有这些不完美的东西。人类无法理解的深渊所揭露出的恐怖景象被当成了幻觉而不予以考虑，而诗人则被认为既是欺骗的牺牲者，也是欺骗的施行者。甚至对诗人来说，他们的原始经验也是“人性的——太人性的”，以至于诗人也无法直面这种经验的意义，而只能把它们隐藏起来。

我认为，对于这种将艺术创作归结为个人因素的解释方法，我们最好充分地弄清楚它的内涵。我们应该看清楚它将把我们引向何方。事实上，它使我们不再对艺术作品进行心理学研究，而是转向了对诗人本身的心理特质的研究。不可否认，后者也是一个重要的问题，但艺术作品也有其存在的权力，不可以像变魔法一样让它消失。至于创造性作品对诗人自身有怎样的意义这个问题——他把它当成一件微不足道的东西、一个掩饰物、痛苦的根源还是一项成就——暂不考虑，因为我们当下的任务是从心理学的角度对作品进行解释。为此，我们必须认真思考作品背后的基本经验，即幻觉。我们必须认真地对待幻觉，起码要像我们认真地对待心理类艺术作品背后的经验时那样，没有人会怀疑这两种经验都很真实、重要。的确，幻觉经验看起来好像与人类的一般命运相去甚远，所以，我们很难相信幻觉是真实的。不幸的是，幻觉具有晦涩难懂的形而上学和神秘主义的特征，从而令人觉得有必要打着善意理性的旗号去干涉它。我们会得出这样的结论：最好不要把幻觉的问题太当回事，以免这个世界又退回到一种愚昧和迷信的状态。当然，我们可能对神秘的事物有一种偏爱，但通常情况下，我们不会接受幻觉经验，而把它们看作是丰富幻想与诗性情怀所带来的结果——也就是说，把它们看成是心理学上可以理解的诗句破格（poetic licence）。有的诗人很赞成这种解释，为的是要在他们自己与他们的作品之间拉开一段有益健康的距离。例如，斯皮特勒坚称，诗人歌颂的是奥林匹亚的春天还是“五月来了”这个主题，其实完全是一回事。事实上，诗人也是人，一位诗人对自己的作品所发表的意见，往往不是关于该主题的最具启发性的观点。因此，我们必须要做的是：抵制诗人本人的观点，以捍卫幻觉经验的重要性。

不可否认，在《黑马牧人书》《神曲》和《浮士德》等戏剧中，我们看到了最初的恋爱经验的影子——这种经验是靠幻觉来完成和实现的。我们没有理由假设《浮士德》的第一部是基于正常的人类经验，而第二部却否认或隐藏了这种经验；我们也无从推测歌德在创作《浮士德》第一部时是正常的，而在创作第二部时却陷入了神经症状态。黑马、但丁和歌德可被视为人类近两千年来的发展所经过的三个阶段，在他们每一个人身上，我们都可以看到，个人的恋爱轶事不仅与更为重要的幻觉经验相关，而且还不加掩饰地从属于这些幻觉经验。鉴于这一有力的来源于艺术作品本身，且不考虑诗人特殊的心理特质问题的证据，我们不得不承认，幻觉是一种比人类激情更为深刻、让人更有印象的经验。在具有此种性质的艺术作品中，我们绝不能把它们与艺术家本人混为一谈，我们毫不怀疑幻觉是一种真正的原始经验，而不管那些传播理性主义的人（reason-mongers）会怎么说。幻觉并不是某种衍生而来的或次要的东西，它也不是其他任何东西的症状。它是真正的象征性表达，也就是说，表达的是某种独立存在但却不为人所知的事物。恋爱轶事是人们真切感受到的一种真实经验，幻觉也是这样。我们不需要试着去确定幻觉的内容从本质上说是物理的、心理的还是形而上的。它本身具有心理上的现实性（psychic reality），其真实程度不亚于物理上的现实性（physical reality）。人类激情属于意识经验的范畴，而幻觉的主题却超出了这一范畴。我们往往通过感觉来经验已知的事物，但我们的直觉却指向了那些未知的、隐藏的事物——这些事物从本质上说是隐秘的。一旦进入了意识，它们就会被有意地抑制下去或隐藏起来，正因为如此，它们自远古时代起就被认为是神秘的、不可思议的、具有欺骗性的东西。它们不受人类的监督，而人类出于恐惧（*deisidaemonia*）也会回避它们。人类常常以科学为盾牌、以理性为盔甲保护自己。人类的启蒙诞生于恐惧，白天，他相信宇宙是井然有序的，而到了夜晚，他便努力地维持这一信念，以对抗那些困扰着他的对混乱的恐惧。倘若有某种生命的力量，其活动范围超出了我们日常生活的世界，那该怎么办呢？人类是否有一些危险而又不可避免的需求呢？是否存在一种比电子更有目的的物质？在我们认为自己拥有灵魂且能支配自己的灵魂时，我们是否是在自欺欺人呢？科学中所说的“心理”（psyche），是否不仅仅是一个被武断地限制于头脑之内的问号，而且还是一扇从人类世界通往另一个世界的大门，它时而让一些古怪的、不可捉摸的力量影响着人类，扰乱人类的世界，就好像给人类以黑夜的翅膀，使之从普遍人性的水平飞跃到一个超越了个人使命的水平？当我们思考幻觉类艺术作品时，会感觉恋爱轶事好像仅仅被当成了一种宣泄——就好像这种个人经验只不过是那首至关重要的“神曲”（divine comedy）的前奏罢了。

接触到生活阴暗面的，并非只有这类艺术作品的创造者，还有先知、预言家、领袖人物和启蒙者。不管这一黑暗的世界有多黑暗，它都并非完全是陌生的。从远古时代起，人类便已经知道了它的存在——在这里，在那里，在任何一个地方；而对今天的原始人来说，它是他们的宇宙图景中不容置疑的一个部分。只有我们才会拒不接受它，这不仅是因为我们惧怕迷信和形而上学，而且还因为我们在努力建立一个既安全又易于控制的意识世界，在这个意识世界里，自然规律所起的作用就像成文法（statute law）在联邦国家中所起的作用一样。然而，就算在这个世界之中，诗人也会不时地瞥见那些存在于黑暗世界之中的形象——精灵、魔鬼及众神。诗人知道，有一种超越了人类目的的意图在秘密地赋予人类以生命的力量；诗人能够预感到普累若麻（pleroma，代表的是最初的无意识）里的一些不可理解的事。简言之，诗人能看到心理世界中那些令原始人和野蛮人倍感惧怕的东西。

自从有人类社会以来，人们便一直努力地想赋予那些有迹可循的模糊模仿以固定的形式。甚至在罗德西亚人（Rhodesian）刻于岩壁之上的旧石器时代的绘画中，我们也能看到在许多栩栩如生的动物图案旁有一个抽象的图案——一个圆圈中画着双十字的图案。

这种图案在每一个文化区域都或多或少可以看到，我们今天不仅能在基督教教堂里看到它们，而且在西藏的寺院里也能看到它们。这就是所谓的太阳轮（sun-wheel），它早在人类还没有发现轮子是一种机械装置的时代就已经出现了，因此，它不可能来源于外部世界的经验。相反，它更像是一种代表某一心理事件的象征；它涵盖了一种内心世界的经验，而且就像著名的犀牛与背上的食虱鸟的图画一样，毫无疑问是一种栩栩如生的表现。自古以来，每一种原始文化都具有一系列神秘教义，而且在许多文化中，这种体系还高度发达。部落议会和图腾部族等都保存着这种除白昼生活以外的隐秘事物的教义——从原始时代起，这些教义就一直是人类重要经验的组成部分。在入会仪式上，一般会将有关教义的知识传给年轻一代。希腊和罗马的神秘宗教仪式也具有同样的作用，而丰富的古代神话则是此种经验遗留在人类发展最初阶段的痕迹。

因此，诗人为了最为适切地表达他的经验而求助于神话的形式，便是预料之中的了。如果有人认为诗人所使用的素材是二手的，那就大错特错了。原始经验是诗人创作力的源泉，这种原始经验是我们无法彻底了解的，因此需要借助神话意象来表现。原始经验本身不能提供任何言语或意向，因为它是一种从“幽暗的镜子里”窥见的幻觉。它只不过是一种努力地想要表达出来的深刻预感。它像一阵旋风，风力所及，所向披靡，并将卷起的一切带到空中，因而呈现出了我们看得见的形状。这种特定的方式不能将这些幻觉的可能含义完整地表达出来，有时甚至反而显得内容不够丰富，因此，哪怕诗人只想传达一点点的暗示，也必须搜集大量的素材才行。除此之外，为了表现出幻觉的怪诞和矛盾，诗人还必须求助于一种难以驾驭且充满矛盾的意象。但丁的预感掩盖在了那个统摄天国和地狱的意象之下；歌德将布罗肯山（Blocksberg）和古希腊时期的地狱都带进了他的作品中；瓦格纳借用了整个北欧神话；尼采返回到僧侣的圣典文体，重新塑造了传说中的史前时代先知的姿态；布莱克自创了一些难以名状的形象；而斯皮特勒则借用了古老的名称来称呼他想象出来的新造物。从天国到地狱，从不可言说的崇高到怪诞反常，这中间任何一个步骤都不曾遗失。

面对这些多姿多彩的意象，心理学除了收集各种素材以供比较和提供一些术语以供讨论之外，并不能做出更多的阐释。根据心理学的术语，出现在幻觉中的东西叫集体无意识（collective unconscious）。我们所说的集体无意识，指的是某种经由遗传力量塑造而成的特定的心理特质，而意识便是由此产生。在人体的结构中，我们可以找到进化早期阶段的痕迹，而且，我们可以预期，人类心理的构造同样也遵循了这种种系进化的规律（the law of phylogeny）。事实上，在意识模糊之时——例如，在梦中，或者处于麻醉状态和精神失常的状态时——那些表现出心理发展原始阶段所有特征的心理产品或内容就会显露出来。意象本身有时候也会表现出这样一种原始特征，以至于我们可能会认为，它们来源于古老的神秘教义。此外，我们也常常看到，一些神话主题被赋予了现代的形式。在对集体无意识的这些表现进行文学研究的过程中，尤其重要的一点是，这些表现是一种对意识态度的补偿。也就是说，它们会以一种明显带有目的的方式，使一种片面的、异常的或危险的意识状态变得平衡。从梦中，我们可以非常清楚地看到这一过程的积极方面。在精神病患者身上，这个补偿过程通常也表现得非常明显，但却采取了一种消极的形式。例如有这样一些人，他们因担心自己的秘密暴露，从而自绝于世，不与任何人来往，但最终却发现，他们视为最隐秘的东西，却已众人皆知，早就成了大众的谈资。[①]

如果我们在考虑歌德的《浮士德》时撇开该剧有可能是作者自身意识态度的补偿这一点不谈，那么，我们则必须回答这样一个问题：这部作品与作者所处时代的意识观点有什么样的关系？伟大的诗篇通常都是从人类生活中汲取力量，如果我们试图从个人的因素中寻找其意义的话，便完全无法把握其意义。无论什么时候，只要集体无意识成为一种活生生的经验，并影响一个时代的意识观念，那么，这一事件便成了一种对生活在那个时代的每一个人来说都非常重要的创造性行动。每一件被创造出来的艺术作品，都包含着真正给后代子孙的真实的信息。因此，《浮士德》触及了每一个德国人灵魂中的某些东西。同样，虽然《黑马牧人书》未被收入《新约全书》之中，但黑马的声名也必定永恒不朽。每一个时代都有其特定的偏好、偏见及精神食粮。一个时代就像一个个体，它的意识观念也有其自身的局限，所以需要补偿性的调整。集体无意识实现了这种补偿性调整，表现为：诗人、先知或领袖在尚未表达出来的时代愿望的引导下，用他们的语言或行动指明了一条道路，通向了所有人都盲目渴望并期望取得的成就——不论这种成就所带来的结果是善还是恶，是拯救还是毁灭了一个时代。

谈论自己所处的时代，始终是一件很危险的事情，因为当下正在发生的生死攸关的事情太多了，让人难以把握。因此，稍微提及其中几个便已足够。弗朗西斯科·科隆纳的《寻爱绮梦》以一个梦境的形式，歌颂了被视为一种人际关系的对自然的爱，作者虽然不鼓励疯狂地放纵感官，但却彻底抛弃了基督教的神圣婚姻观念。这本书是在 1453 年写成的。赖德·哈格德在世时恰逢维多利亚鼎盛

① 参见我的文章："Mind and the Earth"，in *Contributions to Analytical Psychology*. Kegan Paul，Trench，Trubner & Co.，London，1928.

时期，他也研究了这个主题，用自己的方式做了处理，他没有用梦的形式来表现这个主题，而是让我们真实地感受到了道德冲突的张力。歌德在《浮士德》这块色彩斑斓的织锦中，织入了格雷琴—海伦—母亲—圣母玛利亚（Gretchen-Helen-Mater-Gloriosa）这一根红色锦线。此外，尼采宣称上帝已死，斯皮特勒则把众神的盛衰演绎成了一个四季神话。每一位诗人，不论他的重要性如何，都道出了成千上万人的心声，预言着他那个时代的意识观念将发生的变化。

诗人

创造力就像意志的自由一样，也包含着一个秘密。心理学家可以把这两种表现描述为各个过程，但却回答不了它们所提出的哲学问题。具有创造力的人是一个谜，我们试图用各种方法去解开它，但却总是徒劳无功，但这样一个事实也不能阻止现代心理学不时地转而求助于艺术家及其艺术作品的这个问题。弗洛伊德认为，他已经找到了解开这个谜的钥匙，那就是从艺术家的个人经验着手去推导其艺术作品。[1] 诚然，沿着这一方向去探索可能会有一些发现，因为可以想象，一件艺术作品就像一种神经症一样，也可以追溯到心理生活中那些我们称之为情结（complexes）的纠葛。弗洛伊德发现，神经症的根源在心理领域，来源于情绪状态以及真实的或想象的童年期经验，这是一个伟大的发现。弗洛伊德的一些追随者，如兰克（Rank）、斯特克尔（Stekel）等采用一些与此相关的探究方法，取得了一些重要的成果。毋庸置疑，诗人的心理特质往往贯穿其作品的始终。至于个人因素会在很大程度上影响诗人对素材的

---

① 参见弗洛伊德论述詹森（Jensen）的《格拉迪瓦》（*Gradiva*）以及列奥纳多·达·芬奇（Leonardo da Vinci）的文章。

选择与使用，这样的说法亦无新颖之处。不过，这要归功于弗洛伊德学派，他们表明了这一影响有多么深远，而这种影响的表现形式又是多么奇特。

弗洛伊德认为，神经症是直接的满足手段的一种替代物。因此，他认为，神经症是不适宜的——是一种错误、逃避、借口，是一种自发的盲目表现（voluntary blindness）。在他看来，神经症从本质上说是一种永远都不应该存在的缺陷。因为不管神经症的症状如何，它都只不过是一种让人更为恼火的障碍（disturbance），因为它既没有道理，也没有意义，因此很少有人愿意冒险替它说句好话。而一件艺术作品，当把它看作某种可以用诗人的压抑（repressions）来分析的东西的时候，那它就被放到了与神经症相似的可疑的位置上。从某种意义上说，这也不失为找到了一个好伙伴，因为弗洛伊德的心理学就是这样看待宗教和哲学的。如果承认这种方法仅用来阐释艺术作品中那些重要的个人因素（如果不采用这种方法，我们就无法理解一件艺术作品），那么，是不会招来任何异议的。但是，如果宣称这一分析方法可以用来解释艺术作品本身，那就会招来直接的反对意见了。一件艺术作品中潜藏的个人特质往往并不是问题的关键；事实上，我们越多地研究这些特性，就越少涉及艺术本身。对一件艺术作品来说，精华之处在于它应该超越个人的生活领域，而是作为一个个体的艺术家用他的精神和心灵与全人类的精神和心灵在交谈。在艺术领域中，个人方面的特性是一种局限，甚至可以说是一种罪恶。当一种“艺术”形式主要是个人的时，我们就应该把它当成一种神经症来对待。弗洛伊德学派认为，艺术家无一例外都是自恋狂——意思是，他们都是带有幼儿期自恋特质的、发育不全的人，这种观点可能也有一定的道理。不过，只有在谈及作为一个人的艺术家时，这种说法才有道理，它和作为一个艺术家的人没有什么关联。在以艺术家的身份出现时，他既不自恋（auto-erotic），也不他恋（hetero-erotic），而且，从任何意义上说都不带有性欲色彩。他是客观的，与任何个人都无关——甚至与人类无关——因为作为一个艺术家，他就是他的作品，而不是一个人。

每一个具有创造性的人都有双重性，或者说是一个拥有多种矛盾才能的综合体。一方面，他是一个拥有个人生活的人；另一方面，他又是一个与个人无关的创造性过程。既然作为一个人的他可能是健康的，也可能是病态的，那么，我们必须通过研究他的心理构造，来找到决定其人格的因素。但是，如果我们要了解以艺术家身份出现的他，就只能去研究他的创作成就。如果我们试图根据个人的因素来解释英国绅士、普鲁士军官或红衣主教的生活方式的话，那就犯了一个可悲的错误。绅士、军官和主教通常都是以一种与个人无关的角色行使功能的，他们的心理构造被一种特殊的客观性限制着。我们必须承认，艺术家并不是以一种官方身份行使职能的——事实上，艺术家的身份与官方身份恰恰相反。不过，他们在某个方面与我刚才列举的几种类型相类似，因为艺术家的特殊气质中所包含的集体心理生活要远远多于个人心理生活。艺术是一种与生俱来的驱力，它会紧紧地抓住一个人，把他变成它的工具。艺术家不是一个拥有自由意志、试图实现自己目标的人，而是一个允许艺术利用他来实现其目的的人。作为一个人，他可能有自己的心境、意志和个人目标，但是，作为一个艺术家，他是一个更高级意义上的“人”——他是一个“集体人”（collective man）——他携带并塑造着人类的无意识和心理生活。为了完成这一艰巨的任务，艺术家有时候必须牺牲幸福和对普通人的生活来说具有极大价值的一切。

既然如此，采用分析方法的心理学家认为艺术家是一类尤其有趣的病例，也就不足为怪了。艺术家的生活不可避免地充满了矛盾和冲突，因为他的内心存在两种互不相容的力量——一种是常见的人类对幸福、满足和生活安定的渴望，而另一种则是超越了任何个人欲望的、无情的创造激情。艺术家的生活通常来说都不尽如人意——甚至可以说是悲惨——这是因为从作为一个人和个人的方面来说，他们处在了劣势的地位，而不是因为命运不公。一个人必须为创造激情这一神圣的天赋而付出巨大的代价，这几乎是一条没有例外的规则。这就好像是我们每一个人在出生的时候就被赋予了某种能量资本。我们身上最为强大的力量将会占据这种能量，并且几乎垄断这种能量，从而所剩无几，以至于我们无法从中获得任何有价值的东西。创造力就是通过这样一种方式在很大程度上消耗了人们的动力，以至个人的自我不得不发展出各种恶劣的品质——无情、自私、虚荣（即所谓“自恋”）——甚至为了维持生命的火花，使它不至于完全熄灭，而发展出各种恶习。艺术家的自恋很像私生子或受忽视儿童的自恋，这些孩子从很小的时候起就必须保护自己不受那些不爱他们的人所造成的破坏性影响——他们正是为了这一目的而发展出了恶劣的品质，而且在以后的生活中，他们一直保持着一种无法克服的自我中心主义，使其生活一直保持婴儿般的或无助的状态，或者频繁地违背道德准则或法律。因此，我们怎么能怀疑这一点，即解释艺术家的是他的艺术，而不是他个人生活中的不足和冲突呢？个人生活中的不足和冲突，只不过是这一事实，即他是一个艺术家所造成的令人遗憾的结果——也就是说，这个人从出生的那一刻起，就要承担比普通人更大的责任。具备一种特殊的能力，意味着这个特殊的方面需要消耗巨大的能量，因而需要从生活的其他方面抽取能量。

无论诗人是否知道他的作品正在他体内酝酿、不断丰富而臻于成熟，也无论他是否认为自己凭空创造了作品，都无关紧要。他对此事的看法并不会改变这样一个事实，即他孕育了自己的作品，就像一位母亲孕育了自己的孩子一样。创作过程具有女性的特质，而且，具有创造性的作品来源于无意识的深处——我们也可以说，来源于母亲们的王国。每当创造力占据主导地位，人们的生活就会被无意识所控制和塑造，以对抗主动的意愿；如此一来，有意识的自我便被卷入一股暗流中，从此只能成为一个无助的世事旁观者。正在创作中的作品是诗人的命运，决定了诗人的心理发展。不是歌德创作了《浮士德》，而是《浮士德》造就了歌德。《浮士德》除了是一种象征以外，还有何含义呢？我所说的象征并不是指对大家再熟悉不过的事物的讽喻，而是代表了一种我们并不十分了解但却生机勃勃的事物。在这里，它指的是某种存在于每个德国人灵魂之中的东西，是歌德帮助它诞生了出来。除了德国人之外，我们还能想象得出有谁能写出《浮士德》或《查拉图斯特拉如是说》（*Also Sprach Zarathustra*）吗？这两部作品描述的都是回荡在德国人灵魂之中的东西——雅各布·布尔克哈特（Jacob Burckhardt）曾称它为“原始意象”（primordial image）——一个人类的医生或老师的形象。从文化萌芽之日起，哲人、救助者或救世主的原型意象（archetypal image）就潜伏在了人们的无意识之中，每当时局动荡不安或者人类社会出现严重错误时，它就会被唤醒。当人们步入歧途时，他们就觉得需要一名向导、老师，甚至是一个医生。这类原型意象为数甚多，但只有当普遍的观点都难以捉摸时，它们才会出现在个体的梦或艺术作品中。当意识生活呈现出片面性、态度错误的特点时，这些原型意象就会被激活——我们也可以说，它们会“本能地”被激活——于是便出现在个体的梦里、艺术家和先知们的幻觉中，从而使整个时代的心理平衡得以恢复。

诗人通过这种方式，满足了他所生活的社会的精神需求，也正因为如此，对他而言，他的作品比他的个人命运更富有意义，而不论他本人是否意识到了这一点。从本质上说，诗人只是他的作品的工具，他从属于他的作品，因此，我们没有理由指望他来为我们解释其作品。他已经竭尽全力将自己内心的东西表达了出来，因此，解释其作品的工作就不得不留给他人和后人去做了。一件伟大的艺术作品就像一个梦，尽管表面上看起来一目了然，但它并不能解释自身，而且其含义永远都不明确。一个梦永远都不会说："你应该"或者"这是真理"。它只会呈现出一个意象，而且，它呈现意象的方式在很大程度上就如同大自然让一株植物生长一样，因此，我们必须自己得出结论。如果一个人做了一个噩梦，那么，这要么意味着他太恐惧了，要么意味着他太无忧无虑了；如果一个人梦见了一位古圣先贤，那么，这可能意味着他太好为人师了，也可能意味着他需要一位老师。这两种意义以一种微妙的方式融合到了同一个事物中，当我们允许艺术作品像它影响艺术家那样影响我们时，就会感知到这一点。如果想把握作品的含义，我们就必须允许它塑造我们，就像它当初塑造艺术家一样。唯有如此，我们才能理解诗人之经验的本质。我们看到，诗人从意识之下的集体心理中获得了治愈和救赎的力量，但同时也接收了这种集体心理的孤独和令人痛苦的错误；他穿透了那个孕育出所有人的生活母体（matrix of life），这个母体不仅赋予了他与所有人类存在共同的节奏，而且使得他可以向全人类表达他的内心感受和渴求。

要了解艺术创作和艺术效果的秘密，我们必须回到神秘参与的状态——即回到这样一个水平的经验，在这个水平的经验中，生活着的是人类，而不是个人，个人的幸福或哀痛无关紧要，只有人类存在才是最为重要的。因此，每一件伟大的艺术作品都是客观的，与个人无关，但它却能深深地打动我们每一个人。也正因为如此，我们不能认为诗人的个人生活对他的艺术创作来说是一个非常重要的因素——充其量只是在创作的过程中提供了帮助，或者造成了阻碍而已。他可以生活得像一个庸人、一个好市民、一个神经症患者、一个傻子或者是一个罪犯。他的个人生涯也许是不得已而为之，也许很有趣，但这都不能解释他为什么是一个诗人。

第九章
分析心理学的基本假设

在中世纪和希腊罗马世界里，人们普遍相信，灵魂是一种实体（substance）[①]。事实上，从人类诞生之日起，整个人类就一直持有这种信念，直到 19 世纪下半叶，才发展出了一种“没有灵魂的心理学”（psychology without the soul）。在科学唯物主义的影响下，凡是肉眼看不到或手触碰不到的东西，都被认为是值得怀疑的东西，这样的东西甚至遭到了人们的嘲笑，因为有人认为它们与形而上学有密切的关联。除非能用感官感知到，或者可以追溯到其物质上的原因，否则便不能算是“科学的”东西，也不会被承认是真实的。这种观念的剧变，并非开始于哲学唯物主义，因为改变的道路在很早以前就已经铺设好了。宗教改革运动（the Reformation）带来的精神剧变终结了哥特时代（Gothic Age），随之也结束了哥特时代对崇高的强烈渴望，结束了地域的限制以及对世界的有限的见解，欧洲人的垂直思维马上就遭遇到了现代横向思维的对抗。意识不再向上增长，相反，视野的广度开始扩大，而且，对整个地球的了解也增多了。这就是伟大的航行时代，在这个时代，人们在经验发现的基础上拓宽对世界的见解。过去，人们认为，精神是一种实

① 实体：指的是拥有独立存在的东西。——译者注

体，但这种信念越来越让位于那种认为只有物质才具有实体的鲁莽信念，终于，在将近400年后，欧洲一些重要的思想家和研究者开始认为，思维完全依赖于物质，与物质具有因果关系。

当然，我们没有理由说是哲学或自然科学导致了这场彻底的转变。一直以来，始终有一些睿智的哲学家和科学家具有足够的洞察力和思想深度，不接受这种非理性的观点转变；有一些人甚至公然反抗这种转变，只是，他们没有追随者，从而无力抵抗这种毫无理性地——更不用说感情用事地——认为物质世界高于一切的普遍态度。我们不应当认为，人们观念上所发生的这种剧变，是可以通过推理和反省得来的，因为没有哪一条推理的线索能够证实或者证伪思维或物质的存在。今天，每一个有头脑的人都确信，思维和物质这两个概念只不过是两个符号，代表着未知的和未经探索的事物，而这些事物会根据人的心境、气质或时代精神被肯定或否定。一方面，没有什么能够阻止善于思考的知识分子把思维当成一种复杂的生物化学现象，并认为思维从根本上讲只不过是一种电子的活动；另一方面，也没有什么能够阻止他把电子那无法预测的行为看成是电子内部心理生活的迹象。

19世纪，思维的形而上学被物质的形而上学所取代，如果我们把这一事实看成是一个关于知识分子的问题，那么，这种转变也就只不过是他们耍的一个小把戏而已；但是，如果我们从心理学的角度看，它其实是人类世界观的一次史无前例的变革。超凡脱俗（other-worldliness）被转换成了实事求是（matter-of-factness）；经验主义的势力范围扩张到了对每一个问题的讨论、对每一个目标的选择，甚至是对每一种“意义”的界定。无形的内心事件似乎不得不让位于外部有形世界中的事物，如果某一事件没有所谓的事实基础，那么，它就没有价值可言。至少，那些头脑简单的人就是这样想的。

事实上，如果试图把这一非理性的观念转变看成一个哲学问题，那么，结果将是徒劳。我们最好不要试图这样做，因为如果我们坚持认为心理现象产生于腺体的活动，那么，我们就一定能够获得同时代人的感激和尊敬，但是，如果我们把太阳中的原子分裂解释成是具有创造力的世界精神（*Weltgeist*）所引发的，那么，我们一定会被人当成科学界的怪物而受到鄙视。然而，这两种观点同样合乎逻辑，同样形而上学，同样专横武断，也同样具有象征的意义。从认识论的角度看，把人类的起源追溯至动物物种，以及把动物的起源追溯至人类物种，都是可以接受的。但是，我们都知道，达克（Daque）教授的学术生涯是多么的悲惨，而这仅仅是因为他违背了时代的精神——时代精神是不容小觑的。时代精神是一种宗教，或者甚至可以说，是一种与理性毫无关系的信条，它的重要性在于这样一个令人不快的事实，即它被当成了衡量一切真理的绝对标准，并被认为总有常识站在它的一边。

人类的推理过程不可能超越时代精神。时代精神是一种取向、一种情感倾向，它通过无意识影响着脆弱的思维，用一股压倒性的暗示力量将其卷走。拥有与同时代人不同的想法，在某种程度上说是不合理的，会让人感到不安；它甚至被看成是下流的、病态的、亵渎神灵的，因此会危及个体的社会生活。这种人通常非常愚蠢地逆社会潮流而上。就像以前人们无可置疑地假定所存在的一切都是由上帝的意志所创造的，上帝就是精神一样，到了 19 世纪，人们发现了同样不容置疑的真理，即一切事物都来自于物质。今天，人们又坚信，心理不能构成肉体，相反，物质通过化学作用创造了心理。这种观念的颠覆若不是时代精神的一个突出特征，一定会让人觉得荒唐可笑。它是一种流行的思维方式，因而是得体的、理性的、科学的、正常的。必须把心理看成是物质的副现象（epiphenomenon）。如果我们不说“思维”（mind）而说“心理”（psyche），不说物质而说大脑、激素、本能或驱力，也能够得出同样的结论。承认灵魂或心理具有实体性，是违背时代精神的，因此，这样做就会被视为异端邪说。

现在，我们已经发现，我们的祖先提出的一些假设没有在理智上得到证实，他们假设，人有灵魂；灵魂具有实体和神圣的性质，因而是不朽的；灵魂之中有一种固有的力量，这种力量创造了肉体，维持着生命，能够治疗疾病，还使得灵魂能够脱离肉体而独立存在；灵魂会和一些没有实体的灵魂交往；在我们的经验范围之外还有一个精神的世界，灵魂从那个世界得到了关于精神方面的知识，而其起源在这个可见的世界里是找不到的。但是，那些尚未超越一般意识水平的人还没有发现，当我们认为是物质创造了精神，人类由类人猿进化而来，饥饿、爱与权力这三种驱力之间的和谐相互作用造就了康德的《纯粹理性批判》（*Critique of Pure Reason*），脑细胞制造出了思想，并坚信所有这些都不可能有第二种解释等时，我们的看法其实就像我们祖先的观点一样自以为是、不切实际。

这种能解释一切的东西事实上究竟是什么或者是谁呢？它其实是人们重新构想出的一位具有创造力的神灵的形象，只不过这一次他被剥夺了人的特征，摇身一变成了一种每个人都应该可以理解其含义的一般概念。今天，意识在宽度和广度上都有了巨大的扩展，但不幸的是，这种扩展只发生在空间的维度；意识在时间维度上的范围并没有扩展，因为如果它的时间范围扩展了，我们就应该会有一种更加生动的历史感。如果我们的意识不仅仅是对今天的意识，而且还具有历史延续性的话，那我们就应该会想起古希腊哲学中神圣原则（divine principle）的类似转变，而这可能会使我们用更具批判性的态度来看待当前的哲学假设。然而，时代精神有效地阻止了我们沉迷于这样的思考。它把历史看成只不过是一个论战时需要的方便快捷的武器库，使得我们偶尔可以说："哎呀，连老亚里士多德都知道这一点!"情况既然是这个样子，我们便该自问，时代精神是怎样获得这样一种不可思议的力量的？毫无疑问，它是一种最为重要的心理现象——不管怎样，它都是一种根深蒂固的偏见，倘若我们不能以恰当的方式对它进行思考的话，我们甚至都不能探讨这个关于心理的问题。

正如我在前面说过的，这种用物质原因来解释一切的不可抗拒的倾向，与过去四个世纪以来意识的横向发展相一致，而这种横向视角是对哥特时代完全采用垂直视角的颠覆。它是群体思维的一种表现，因此，不能把它当成个体的意识。在这一点上，我们很像原始人，一开始完全没有意识到自己在做什么，而是在很久之后，才发现我们为什么要这么做。与此同时，我们满足于对我们的行为进行各种合理化的解释，但这些解释又都同样不充分。

如果我们意识到了时代的精神，就应该知道为什么我们总是倾向于用物质原因来解释一切；我们应该知道，这是因为到目前为止，已经有太多的事物都是用精神来解释的。认识到这一点，会让我们马上对自己的偏见持批判态度。我们会说，我们极有可能在另一方面犯了同样的严重错误。我们自欺欺人地以为，相比于一种"形而上的"思维，我们对物质的了解要多得多，因而高估了物质上的因果关系，并相信只有物质上的因果关系才能给我们提供一种对生命的真实解释。但是，物质和思维一样让人难以捉摸。对于终极的本质，我们无从知晓，只有当我们承认这一点，我们才能回到一种平衡的状态。这绝不是在否认心理事件与大脑的生理结构、各种腺体以及整个身体之间的密切联系。我们始终对这样一个事实深信不疑，即意识的内容在很大程度上是由我们的感官知觉（sense-perception）决定的。我们都已经认识到，我们的身体和心理所具有的那些不可改变、根深蒂固的特征，是通过遗传无意识地在我们身上体现出来的，那些会抑制、强化或者改变我们心智能力（mental capacities）的本能力量，也让我们震惊不已。事实上，我们必须承认，有关原因、目的和意义的问题，人类的心理——不论我们以何种方式对它进行探讨——首先便是我们所说的一切物质的、经验的和尘世的事物的密切反映。最终，在所有这些已获得承认的事实面前，我们必须扪心自问，心理是否只是一种次级表现，一种副现象，且完全依附于身体。基于推理以及生活在一个真实世界中的实实在在的我们所要承担的义务，我们给出了肯定的答案。只有当我们对物质的无能产生怀疑时，才能用批判的方式检验科学对人类心理所下的结论。

最近已经有人提出了异议，认为这样做不啻把心理事件还原成了一种腺体的活动，把思想看作只是大脑的分泌物，这样，我们所得到的便是一种没有心理的心理学。我们必须承认，从这个视角看，心理并非凭其自身而独立存在；它本身什么都不是，而只不过是物质变化过程的一种表现。这些过程具有意识的特征，也是一个不争的事实——不然的话，我们就根本不能谈论心理了；如果没有意识，我们就无法对任何事物发表见解。因此，意识被认为是心理生活的必要条件——也就是说，意识被当成了心理本身。如此一来，就出现了这样的状况：现代所有“没有心理的心理学”都是对意识的研究，完全忽略了无意识心理活动的存在。

不过，现代心理学并非只有一种，而是有好几种。当我们想起数学、地理学、动物学、植物学等都只有一种科学时，就会觉得特别奇怪。但是，心理学却有很多种，以至于美国某个大学出版了一本很厚的书，书名叫《1930 年的心理学》（*Psychologies of 1930*）。我认为，心理学的种类与哲学的种类一样多，因为哲学也不是只有一种，而是有很多种。我之所以提到这一点，是因为哲学和心理学之间有着牢不可破的关系，它们所研究的主题相互关联，因而它们之间的关系非常牢固。心理学把心理作为其研究的主题，而哲学的研究主题——简单地说——是世界。直到不久以前，心理学还是哲学的一个特殊分支，不过现在，我们正在印证尼采的预言——心理学作为一门独立的学科崛起了。它甚至威胁着要吞掉哲学。这两门学科有着内在的相似之处，它们都是观念体系，它们的研究主题都是不能完全经验到的事物，因此不能用一种纯粹的经验主义方法去探讨。因此，这两个研究领域都鼓励推理，结果，便出现了数不胜数、丰富多彩的观念，而要把这些观念都包括进去，则需要大部头的书，而不管它们是属于心理学领域还是哲学领域。这两门学科都不能离开对方而存在，并且总是会为对方提供含蓄的，而且常常甚至是无意识的基本假设。

正如前文所说，现代倾向于用物质原因来解释事物的做法，往往会导致一种“没有心理的心理学”，我的意思是说，会导致人们认为心理只不过是生物化学过程的一种产物。至于一种从心理本身出发的现代的、科学的心理学，则根本不存在。今天，没有谁敢冒险去假设存在一种独立的、不由身体决定的心理，并在此基础上建立一门科学的心理学。有关精神自为一体、自有目的，精神的世界体系自给自足的观念，至少可以说非常不受我们的欢迎，但只有建立在这种假设之上，我们才能相信灵魂是自发的、独特的。但我必须要说明一下，1914 年，我曾到伦敦的贝德福德学院参加一场由亚里士多德学会（Aristotelian Society）、心理协会（Mind Association）和英国心理学会（British Psychological Society）联合举办的会议，其间，有一个研讨会专门讨论了这样一个问题——上帝心中是否容纳着每一个个体的心理？在英格兰，如果有人质疑这几个学会的科学立场，那么，他就不可能听到什么好听的话，因为这几个学会的会员都是这个国家最为杰出的人物。他们发表的见解无异于13世纪的论调，很可能我是现场听众当中唯一一个对这些见解感到很惊奇的人。这个例子可以有助于说明，认为自主精神理所当然存在的观点，并没有绝迹于欧洲，也并没有完全成为中世纪时期遗留下来的古化石。

如果我们记住这一点，或许就能够鼓起勇气去思考一种“关于心理的心理学”的可能性——也就是，一个基于自主心理假设的研究领域。我们不必为这样一项事业不受欢迎而惊慌失措，因为假定心理存在并不比假定物质存在更加不切实际。既然我们实际上完全不知道心理是怎样从物质元素中产生的，然而又不能否认心理事件的真实性，那么，我们完全可以从另一个角度出发提出我们的假设，坚持认为心理产生自一条精神的原理，它与物质一样让我们无从理解。诚然，这不会成为一门现代的心理学，因为要成为一种现代心理学，首先必须要否认这种可能性。因此，不论好坏，我们都必须要回到祖先们的教义中去，因为是他们提出了这样的预设。古人的观点认为，精神从本质上说是肉体的生命，是维持生命的呼吸，或者是一种生命力，它在人们出生之时或者被孕育出来之后，便呈现出空间的和物质的形式，并且在呼吸停止之时离开身体。我们可以把精神本身看成是一种没有外延的存在，因为它在获得物质形式之前和失去物质形式之后都是存在的，所以，它是没有时间性的，因而也是永恒的。当然，从现代的科学心理学视角看，这个概念纯粹是一种幻想。但是，我们无意深入探讨“形而上学”，甚至包括现代的形而上学，我们只想以一种不带偏见的方式考察这个由来已久的概念，并对其合理性进行经验验证。

人们给自己的经验起的名字，常常能给我们很大的启发。灵魂（*Seele*）一词的根源是什么呢？就像英语中的灵魂（soul）一词一样，它也来源于哥特语中的 *saiwala* 及古德语中的 *saiwalo*，这两个词都与希腊语中的 *aiolos* 有关，*aiolos* 一词的意思是“流动的、彩色的、彩虹般的”。希腊语中的心理（*psyche*）一词还有“蝴蝶”的意思。*Saiwalo* 与斯拉夫语中的 *sila* 一词有关，意思是“力量”。这些关联就阐明了 *Seele* 一词的含义：它是一种动力，也就是生命力。

拉丁语中的精神（*animus*）和灵魂（*anima*）这两个词与希腊语中的风（*anemos*）是同一个意思。希腊语中另一个表示风的词 *pneuma* 也有精神的意思。在哥特语中，我们也找到了相同含义的词 *us-anan*，意思是“呼气”，在拉丁语中，我们则找到了 *an-helare*，意为“喘息”。在古老的高地德语（Old High German）中，*spiritus sanctus* 一词可以翻译成 *atum*，即“呼吸”。在阿拉伯语中，风是 *rlh*，而 *ruh* 便是“灵魂、精神”。希腊语中的 *psyche* 也有类似的关联：*psycho* 意为“呼吸”，*psychos* 意为“凉爽”，*psychros* 是“寒冷”的意思，*phusa* 则指的是“风箱”。这些关系清楚地表明，在拉丁语、希腊语和阿拉伯语中，给灵魂取的名字都与流动的空气、“精神的寒冷气息”这些概念有关。也正因为这样，原始的观念才赋予了灵魂一个看不见但却能够呼吸的身体。

很明显，因为呼吸是一种生命的迹象，所以，呼吸、运动和动力都常常被用来代表生命。根据另一种原始观念，灵魂被视为火或者火焰，因为温暖也是一种生命的迹象。还有一种非常古怪但绝非罕见的原始观念——把灵魂等同于名字。一个人的名字就是他的灵魂，由此便产生了这样一种习俗，即用祖先的名字给新生儿取名，从而使祖先的灵魂转世到这个新生婴儿身上。据此，我们可以推断，自我意识被看成是灵魂的体现。把灵魂等同于影子的现象也屡见不鲜，因此，踩别人的影子便是一种对别人的莫大侮辱。正是由于这个原因，正午（noon-day）在南半球高纬度地区被视为有鬼怪出没的时间，极具威胁性；因为正午时分影子变小了，这就意味着生命受到了威胁。这种有关影子的观念所包含的一种观点，体现在了希腊人使用的 *synopados* 一词中，这个词的意思是"跟在后面的人"。他们用这个词来表达对一种无形却有生命的存在物的感觉——这与那种导致人们相信死者的灵魂是影子的感觉是一样的。

这些迹象表明了原始人对心理的看法。在他们看来，心理是生命的源泉，是首要的动力，还是一种具有客观现实的像幽灵一样的存在物。因此，原始人知道如何与自己的灵魂交谈；灵魂是一种存在于他们内心的会说话的东西，因为灵魂并不是他们本人，也不是他们的意识。在原始人眼中，心理并不是一切主观的和受意志支配的事物的缩影，这一点与我们不一样；相反，他们认为，心理是一种客观的东西，它就是它自身，有属于自己的生活。

经验表明，这种看待该问题的方法是合理的，因为不仅在原始人的层面上，而且对文明人来说，心理事件都有其客观的一面。心理事件在很大程度上不受我们意识的控制。例如，我们无法压抑自己的许多情绪；我们不能把坏情绪变成好情绪，也不能操控梦，让它来就来让它去就去。即使最聪明的人，用最大的意志努力，有时候也无法摆脱一些想法的困扰。记忆所玩弄的那些疯狂的把戏，有时候会让我们感到震惊，却又无可奈何，出乎意料的幻想则随时会闯进我们的大脑。我们之所以相信自己是自家房子的主人，只是因为我们都喜欢自以为是。但实际上，我们对无意识心理之恰当功能的依赖程度大得惊人，我们必须相信它不会让我们失望。如果我们研究神经症患者的心理过程，就一定会对心理学家把心理等同于意识的做法感到极为可笑。众所周知，神经症患者的心理过程与所谓的正常人的心理过程几乎没有区别——因为在如今这个年头，哪个人能完全确定自己没有神经症症状呢？

既然如此，我们最好还是承认，把灵魂视为一种客观现实的古老观点还是有一定道理的——古人把灵魂看作是一种独立的东西，因而反复无常且相当危险。有人还提出了进一步的假设，认为这种如此危险而又可怕的存在物同时也是生命的源泉，这种假设从心理学的视角看是可以理解的。经验告诉我们，“我”的感觉，也就是自我意识，是从无意识生活中产生的。小孩也有心理生活，但他们没有任何明显的自我意识，因此，早年的岁月通常很难在记忆中留下什么痕迹。我们身上一切有益的、有帮助的智慧之光究竟从何而来？我们的热情、灵感以及对生活的崇高情感，又来源于哪里？原始人在其灵魂深处感受到了生命的源泉；他们被自己的灵魂施予生命的活力深深地打动着，并因而相信每一种能影响灵魂的东西——相信一切巫术。所以，对他们而言，灵魂就是生命本身。他们不会想象自己能够操控灵魂，而是觉得自己在各个方面都依赖于灵魂。

不管我们觉得灵魂不朽的观念有多么荒谬可笑，它在原始人眼里都不是什么异乎寻常的东西。毕竟，灵魂来自于平常的事物。虽然其他一切事物的存在都会占据一定的空间，但灵魂却不能存在于空间中。我们当然认为思想存在于我们的头脑里，但是一说到感受，我们就变得不那么确定了；感受似乎存在于心脏的区域。我们的感觉遍布整个身体。我们的理论认为，意识位于头部，但普韦布洛印第安人告诉我，美国人疯了，因为他们居然相信他们的思想存在他们的大脑里，而任何一个明智的人都知道，人是用心脏来思考的。还有一些黑人部落认为，心理功能的区域既不在头部，也不在心脏，而是在肚子里。

除了不能确定心理功能的位置以外，还有另外一个难题。除了感觉这一特殊领域之外，心理内容通常是没有空间性的。那么，我们怎么样才能确定思想的体积大小呢？它们是小的、大的、长的、细的、重的、流动的、直的、圆的还是别的什么样子的呢？如果我们想为这样一个不具空间性的第四维存在物画一幅生动的画，那么，我们最好还是以作为一种存在的思想当我们的模特。

如果我们能完全否认心理的存在，那么，一切就会简单得多。但在这里，我们所处理的是对某种真实存在的事物的直接经验——它植根于我们可以测量、可以称重的三维现实里，它的每一个方面、每一个部分都莫名其妙地不同于这个现实，但却反映了这个现实。我们可以将心灵看成是数学上的一个点，也可以将其看作是布满恒星的宇宙。这样一来，也就无怪乎有些头脑不大灵光的人认为这样一种矛盾是近乎神圣的东西了。如果心理不占空间，那么，它就是无形体。身体会死去，但是，不可见的、非实体的东西能消失吗？此外，在我学会说“我”之前，我的生命和心理就已经存在了，而且，在这个“我”消失之后也依然存在，比如，我们可以在别人和自己身上看到，在睡眠中或无意识状态下，生命和心理依然存在。面对这些经验，为什么头脑简单的人会否认“灵魂”生活在一个身体之外的领域呢？我必须承认，对于这样一种所谓的迷信，我并没有看出任何荒谬之处，就像在遗传学和关于本能的研究中也没有看到什么荒谬之处一样。

自原始时代起的古代文化中，人们一直把梦境和幻觉视为信息的来源，如果我们记住这一点，就很容易理解为什么以前的人们认为更为高级，甚至更为神圣的知识属于心理领域。事实上，无意识包含范围大得令人吃惊的阈下知觉。原始社会的人由于认识到了这一点，便把梦和幻想当成重要的信息来源。像印度和中国那样伟大而悠久的文明，正是以此为基础建立起来的，并从中发展出了一套自我认识的原则，在哲学和实践方面都达到了精细化的程度。

把无意识心理视为知识的来源并予以高度重视，这种做法绝不像西方理性主义所认为的那样是一种妄想。我们倾向于认为，所有知识归根结底都来自于外部。不过，今天我们已经确切地知道，如果能够将无意识中的内容变成意识领域的内容，那将意味着不知道要增长多少知识。现代关于动物本能的研究，如对昆虫本能的研究，已经得到了极为丰富的经验发现，结果表明，如果人的行为方式像某些昆虫的话，那他们的智力将会比现在高得多。当然，我们无法证明昆虫拥有有意识的知识，但根据常识，我们可以确定，它们的无意识行为模式就是心理的功能。同样，人的无意识也包含了其祖先遗传下来的所有生活模式和行为方式，因此，每一个孩子在拥有意识之前，都已经拥有了一套潜在的适应性心理功能体系。同样，在成年人的意识生活中，这种出于本能的无意识功能也一直存在，且一直发挥作用。这就为意识心理的一切功能做好了准备。无意识和有意识心理一样，也进行感知，具有目的和直觉，还会感觉和思考。在精神病理学领域以及对梦的研究中，我们找到了足够的证据可以证明这一点。心理的有意识功能和无意识功能之间只有一个本质的区别。意识非常强烈、集中，它转瞬即逝，指向当下和即时的关注领域；此外，它只能获取代表某一个体数十年经验的材料，范围更广的“记忆”则需要人为获取，而且大部分来自于印刷文字。而无意识的情形则与此大为不同。无意识不强烈、不集中，而是模模糊糊的；它的范围极为广泛，能够用最似是而非的方式将差异最大的元素糅合在一起。除此之外，无意识不仅包含不计其数的阈下知觉，而且还包含一代又一代传承下来的大量遗传因素，这些遗传因素的存在本身就标志着物种分化过程中所迈出的一步。如果可以把无意识拟人化，我们或许可以称之为集体人（collective human being），它结合了男女两性的特征，超越了年龄与生死，而且由于掌握了人类数百万年的经验而几乎成了永恒。如果真的存在这样一个人，那他将超越一切尘世的改变；对他来说，当下和公元前一百个世纪中的任何一年都没有什么区别；他将做着古老的梦，而且，由于他拥有不计其数的丰富经验，他还将是一个天下无双的预言者。他无数次地经历着个体、家庭、部落和民族的生活，而且他对生长、开花、凋零的生命节奏有一种深切的体验。

不幸的是——或者更确切地说，幸运的是——这个集体人就是梦。至少在我们看来，集体无意识似乎是在梦里出现在我们面前的，但对其自身的内容却没有意识——当然我们无法确定是不是这样，就像在上述例子中对昆虫的情况也不确定一样。不仅如此，集体无意识似乎并不是一个人，而更像是一条不断流淌的溪流或者大海，那些意象和形象在我们做梦或心理处于异常状态时，涌入我们的意识。

如果我们把无意识心理这个巨大的经验系统称作幻觉，那必将让人觉得很荒唐，因为我们看得见、摸得着的身体本身也是这样一个系统。它依然带有明显的原始进化的痕迹，而且它肯定是一个有目的地行使功能的整体——否则，我们就无法生存下去。任何人都不会把比较解剖学或生理学看成是无稽之谈。因此，我们也不能把集体无意识当成幻觉而加以排斥，或者拒不认可它是一种宝贵的知识来源，从而拒绝对其进行研究。

从表面上看，心理本质上似乎是对外部事件的一种反映——不仅是外部事件造成的，而且也起源于外部事件。此外，在我们看来，无意识只有从外部和意识的层面着手才有可能理解。众所周知，弗洛伊德曾试图从这个层面来解释无意识——如果无意识真的随个体的存在和意识的出现而产生，或许他还能够成功地完成这项任务。然而，真相却是，无意识一直都存在，它是一代一代传承下来的潜在的心理功能体系。意识是无意识心理的一个出生得较晚的后代。如果我们试图用后代的视角去解释其祖先的生活，那当然是不合情理的；在我看来，把无意识当成意识的衍生物也同样是错误的。反过来说的话，可能还更接近真理一些。

但这却是过去时代的观点，这种观点始终坚持认为，个体的灵魂依赖于一个精神世界体系而存在。过去的时代之所以不可能不这样做，是因为它们意识到，有一些无比珍贵的经验隐藏在个体短暂意识的阈限之下。这些时代形成了一种有关精神世界体系的假设，而且还坚称这一体系是一个拥有意志和意识的存在——甚至是一个人——它们把这个存在称作上帝，即现实中的典范（quintessence）。在他们看来，上帝是最真实的存在，是原动力（first cause，即造物主），只有通过上帝，才有可能理解灵魂。这个假设从心理学的角度看有一定的道理，因为只有把神称为一个几乎不朽的存在才是合理的，与人类所拥有的经验相比，这个不朽存在的经验几近永恒。

我们在前面已经介绍了这样一种心理学的问题出在什么地方，即这种心理学不以物理为基础来解释一切，而是求助于一个精神的世界，这个精神世界的有效要素不是物质及其特性，也不是能量状态，而是上帝。此时此刻，我们可能会受到现代哲学的影响，而把能量或生命的活力（*élan vital*）称为上帝，并从而把精神和自然融为一体。只要我们把这项任务局限于思辨哲学的朦胧高地之内，就不会造成大的伤害。但如果我们把这一观念运用到较低级的实用心理学（practical psychology）领域（在这个领域中，我们解释事物的方式能够有效地应用于日常行为中），我们就会陷入重重困难，不可自拔。我们塑造这种心理学并不是为了迎合学术界的口味，也不追求与生活无关的解释。我们想要塑造的是一门能带来令人满意之效果的实用的心理学——它能帮助我们用一种在患者身上被证明为有效的方法来解释事物。在实用心理治疗中，我们竭力帮助人们适应生活，而且，我们不会创立一些与患者无关，甚至可能会伤害患者的理论。在此，我们遇到了一个常常伴随生命危险的问题——也就是，我们的解释究竟是以物质还是精神为基础。我们必须永远都不能忘记一点，即从自然主义的视角看，任何属于精神的东西都是幻觉，而精神为了确保自身的存在，必定经常否定和克服一种强硬的、物质的事实。如果我只承认自然主义价值，并用物质来解释一切，那么，我就会贬低、阻碍或者甚至是破坏我的患者的精神发展。而如果我完全坚持一种从精神出发的解释，那么，我就会误解并伤害一个自然人作为一种物质存在的权利。在心理治疗的过程中，有多起自杀案例的发生都是因为犯了这类错误。我并不关心到底能量是上帝，还是上帝是能量，因为我怎么可能知道这种事情呢？但是，给出恰当的心理学解释是我必须能够做到的事。

现代心理学家并不拘泥于这两种立场中的任何一种，而是徘徊在这二者之间，犯了“两者都对”的危险错误，这种状况很容易就为肤浅的机会主义打开大门。这毫无疑问是一种对立统一（*coincidentia oppositorum*）的危险，即通过对立面获得知识解放的危险。认为这两种相互矛盾的假设具有同等的价值，除了带来一种既无形式又无目的的不确定性之外，还能带来些什么呢？与此相反，我们很容易就能感觉到一种毫不含糊的解释原则所具有的优势。它能够提供一个可以作为参照点的立场。毫无疑问，我们在这里所面对的是一个非常棘手的问题。我们必须能够求助于一种建立在现实基础之上的解释原则，然而，一旦现代心理学家给予精神方面应有的重视，他就不可能再对现实的物质方面深信不疑。同样，他也不可能只看重精神方面，因为物质解释的相对正确性也是不能忽视的。

接下来的思路表明了我尝试解决这个问题的方法。自然与心理的冲突本身就反映了人作为一个精神存在所包含的矛盾。这表明，人具有物质的一面，也具有精神的一面，如果我们不理解心理生活的本质，便会觉得这二者相互矛盾。每当我们必须凭借人类的理解力来评论一些我们尚未把握或无法把握的事物时，如果我们诚实的话，我们就必须能够否定自己，而且，我们还必须把它的对立面也挖掘出来，这样才能做出全面的评论。生命之物质方面和精神方面的冲突只说明了一点，即心理归根结底是一种难以理解的东西。毫无疑问，我们唯一的、直接的经验是由心理事件构成的。甚至连肉体上的痛苦也是一种属于“我的经验”的心理事件。我们的感官印象（sense-impressions）——虽然它们强加在我身上的是一个由占据空间但却难以理解的事物构成的世界——是心理意象，而只有这些心理意象才是我们的直接经验，因为只有它们才是意识的直接知觉对象。我们自己的心理甚至会改变和歪曲事实，而且改变和歪曲的程度十分严重，以至于我们必须求助于人为的手段，才能确定事物的真相是否真如我所见。于是我们发现，声音其实就是空气以不同的频率振动，颜色其实就是不同波长的光线。事实上，心理意象紧紧地将我们包围了起来，使得我们看不透身外之物的本质。我们所有的知识都受到心理的制约，因为只有心理是最直接、最真实的。在这里，有着心理学家可以诉诸的现实——那就是，心理现实。

如果我们进一步深入地探讨这一概念的含义，就会发现，有些心理内容或意象是从我们身体所属的物质环境中衍生出来的，而其他一些真实性绝不比前者小的心理内容或意象，则似乎来自于与物质环境截然不同的心理源泉。不论我是在头脑中描绘我想买的汽车的样子，还是想象我已故父亲现在的灵魂是什么样的状态——不论占据我头脑的是一个外在的事实，还是一种想法——这两种事件都是心理现实。唯一的区别在于，一种心理事件涉及物质世界，另一种则涉及心理世界。如果我改变我的现实概念，承认所有的心理事件都是真实的，并且认为其他的概念用法都缺乏合理性，那么，就可以终结物质和心理这两种相互矛盾的解释原则之间的冲突了。不论物质还是心理，都只不过是说明了那些挤进我意识领域的心理内容的特定来源。如果我被火烧伤，我不会怀疑火的真实性，而如果我因为怕鬼而感到恐惧，那我就会认为这只不过是一个幻觉，并以此来安慰自己。但是，就像火是一种我们不了解其性质的物理过程的心理意象一样，我对鬼的恐惧也是一种来源于心理过程的心理意象；它就像火一样真实，因为我对鬼的恐惧和我对火所造成之疼痛的恐惧是一样的。至于最终隐藏在对鬼的恐惧背后的心理过程——我一无所知，就像我对物质的终极本质一无所知一样。而且，就像我只想用物理和化学的概念来解释火的本质一样，我也只想用心理过程来解释我对鬼的恐惧。

所有直接经验都是心理经验，最直接的现实也只能是心理的现实，这一事实解释了为什么原始人会将鬼魂出没、巫术的作用与物质事件相提并论。他们还没有将他们质朴的经验撕裂成两个相互对立的部分。在他们的世界中，心理和物质依然相互渗透，他们的神依然在深林和田野里游荡。他们就像是还没有完全诞生的婴童，依然被包裹在他们自己心里那种梦一般的状态中，这是一个真实的世界，一个没有被因为智力尚处于启蒙阶段而出现理解困难所歪曲的世界。当原始世界分裂成为精神世界和自然世界两部分时，西方世界把自然拯救了出来。西方世界倾向于信仰自然，结果，在为了使自己具有精神而做出一次又一次痛苦的努力后，这一信仰变得越来越纠结了。与西方世界相反，东方世界把心理视为独立的存在，而把物质解释为仅仅只是幻象（maya），并因此在亚洲式的污秽和苦难中继续做着美梦。但是，既然只有一个地球、一个人类，那么，东方和西方便不能把人类撕成两个不同的部分。心理现实最初是一个单一的存在，等到人类的意识发展到某种水平，就不再只相信一个部分而否认另一个部分，而是承认这两个部分都是同一个心理的组成部分。

我们完全可以把心理现实的概念当成现代心理学最为重要的成就，尽管它很难得到这样的普遍认可。在我看来，这个概念被人们普遍接受，只是一个时间的问题。它必定会被人们接受，因为只有它才能让我们公平地对待多样而又独特的心理表现。如果没有这个概念，我们难免就会以歪曲其中一半的方式来解释我们的心理经验，而有了心理现实这个概念，我们就可以给通过迷信、神话、宗教和哲学等形式表现出来的心理经验以应有的地位。心理生活这个方面所具有的价值不可低估。可诉诸感官证实的真理也许能够满足理性的需求，但它不能通过赋予人生以意义来激发我们的情感，也不能让我们表达出这种情感。然而，最常发生的情况是，情感在有关善恶的问题上具有决定性的意义，如果情感对理性没有任何的帮助，那么，理性就会变得毫无力量可言。理性和善意是否曾把我们从世界大战中拯救了出来？或者说，它们是否曾从灾难性的荒唐行为中把我们拯救了出来？那些伟大的精神变革和社会变革——例如，从古希腊-罗马世界进入封建时代，或者是伊斯兰文化的迅速传播——有哪一个是推理出来的呢？

作为一名医生，我当然不需要直接关注这些世界大事，我的职责在于治疗病人。直到最近，医学界还一直假定，被治疗和被治愈的应该是疾病本身；不过现在，我们能听到一些声音，说这种观点是错误的，医生应该治疗的是病人，而不是疾病本身。在治疗心理疾病的过程中，我们也面临同样的要求。我们把越来越多的注意力从可见的疾病症状转移到了作为一个整体的患者身上。我们已经认识到，心理疾病并不是一种定位明确、界限清晰的现象，而是因为整个人格持有一种错误的态度才显现出来的症状。因此，我们不能期望局限于症状本身的治疗能够使患者彻底痊愈，而只能寄希望于对整体人格的治疗。

我突然想起一个在这一点上颇有启发意义的案例。这个案例涉及的是一个非常聪明的年轻人，在对医学文献作了一番苦心研究后，他对自己的神经症进行了详尽的分析。他把自己的发现写成了一篇用词精确、行文工整、适合发表的专题论文，他把论文手稿带给我，请我通读一遍，并告诉他为什么他的病不能治愈。按照他所理解的科学观点，他早就应该痊愈了。读完他的论文手稿，我不得不向他承认，如果这只是一个涉及洞察神经症之因果关系的问题，那么他确实应该痊愈了。既然他没有痊愈，那么我认为，这必定是因为这样一个事实，即他的生活态度在某种程度上出现了根本的错误——尽管我不得不承认，他的症状并没有暴露这一点。在阅读他关于自己生活的描述时，我注意到他经常在圣莫里茨（St. Moritz）或尼斯（Nice）过冬。于是我就问他，度这些假期的钱都是谁帮他出的，结果他说是一个很爱他的穷教师，她为了供这个年轻人游览这些旅游胜地，残忍地克扣自己的花销。良知的缺乏，正是他患上神经症的原因，因此，我们就不难看出为什么科学的理解帮不了他。他的根本错误在于他的道德态度。他认为，我看待这个问题的方式极不科学，因为道德和科学没有任何关系。他认为，通过诉诸科学思想，他就能摆脱这种连他自己都无法忍受的不道德。他甚至不愿意承认冲突的存在，因为他认为，他的情妇是自愿把钱给他的。

我们可以站在我们所选择的任何一种科学立场上来看待这个问题，但事实依然是，绝大多数文明人完全不能容忍这样的行为。道德态度是生活中的一个真实因素，心理学家要是不想犯下严重的错误，就必须考虑到这个因素。心理学家还必须记住一点，有些宗教信念并非建立在理性的基础之上，但对很多人来说，却是生活中不可或缺的。这又是一个心理现实的问题，它既能引发疾病，也能治愈疾病。我经常听到患者大声地感叹："如果我早知道我的生活也有意义和目标，那么，我的神经就不会出这种愚蠢的毛病了！"不论所谈论的这个人是富还是穷，也不论他的家庭和社会地位如何，都改变不了什么，因为外界的环境根本不能给他的生活赋予任何的意义。这更是一个他对我们所说的精神生活的非理性需求的问题，而这种精神生活，人们却无法从大学、图书馆甚至教堂里获得。他们之所以不能接受这些场所提供的东西，是因为这些东西只触及了他的头脑，却没有激起他内心的共鸣。在这样的情况下，医生辨认出真实的精神因素，就变得非常重要了，而患者的无意识会制造出无可否认的、具有宗教性质的梦来帮助患者满足自己的需要。如果不承认这些内容来源于精神，就意味着治疗就是错误的、失败的。

有关精神本质的一般性概念，是心理生活不可或缺的组成部分。在任何一个意识发展水平已经使得他们能够在某种程度上清楚地表达自己的民族中，我们都可以看到这些概念。因此，这些概念的相对缺失，或者文明人对它们的否认，也就可以被看作堕落的迹象。虽然心理学在发展至今的过程中，主要是根据物质的因果关系来解释心理过程，但心理学未来的任务将是研究决定心理过程的精神因素。不过，心理的自然历史发展到今天仅相当于 13 世纪自然科学的发展水平。我们只是刚刚开始从科学的角度重视我们的精神体验。

如果现代心理学能够夸口说它已经揭掉了掩盖在人类心理之上的所有面纱，那么，它所揭掉的只能是覆盖住其生物方面不让研究者看到的那层面纱。我们可以将当前的形势与 16 世纪医学的状况做一个比较，当时，人们刚刚开始研究解剖学，但却不了解生理学，甚至连最模糊的观念都没有。现在，我们对心理的精神方面仅限于零碎的了解。我们已经知道，心理中有一些受到精神制约的转化过程，它们常常隐藏在大家都知道的原始民族的入会仪式、练习印度瑜伽所诱发的状态等之中。但是，我们至今还不能成功地确定它们之间的特殊一致性或规律。我们只知道，很大一部分神经症都是这些过程的紊乱所造成的。掩盖在人类心理之上的面纱有很多，心理学研究尚未将所有这些面纱全部揭下来；人类的心理就像生活中所有深埋于心的秘密一样，依然不可接近且模糊不清。我们只能说，我们已经开始尝试，希望将来能做一些事情，找到方法来解开这个巨大的谜团。

第十章 现代人的精神问题

现代人的精神问题与我们所生活的这个时代关系非常密切，以至于我们无法做出充分的判断。现代人是一种新兴的人；现代的问题是一个刚刚出现的问题，其答案只能留待未来去找寻。因此，在谈论现代人的精神问题时，我们顶多也只能陈述一个问题——如果对这个问题的答案有一丁点儿的了解的话，我们或许就应该用不同的措辞来陈述。除此之外，这个问题看起来似乎相当含糊；但事实是，它与一些非常普遍的东西相关，以至于它超出了任何一个个体所能掌控的范围。因此，我们有充分的理由以真正温和、极为谨慎的态度去处理这个问题。我对此深信不疑，并且还想着重强调这一点，因为正是这样一些问题，诱使我们夸夸其谈——而且也因为我自己将不得不说一些听上去可能既不温和也不谨慎的事情。

一开始，且让我先举一个明显缺乏此种谨慎态度的例子。我必须说明一点，我们这里所说的现代人就是那些能够意识到当下的人，他们绝对不是普通人。确切地说，他们是一些伫立在高山之巅或者站在世界边缘的人，他们的面前是未来的深渊，头顶上是苍穹，脚底下是整个人类，而人类的历史已经消失在了原始的迷雾之中。现代人——或者容我再重复一遍，即那些能够意识到当下的人——难得遇到。名副其实的现代人寥寥无几，因为他们必须拥有最高程度的意识。既然完全生活在当下意味着要充分地意识到自己作为一个人的存在，那么，就需要有最为强烈、最为广泛的意识，而无意识的内容则需要达到最低限度。我们必须清楚地理解一点，即单凭生活在现代这一事实并不能使一个人成为现代人，因为如果那样的话，每一个活着的人就都可以说是现代人了。只有那些完全意识到当下的人，才是现代人。

能够合理地称其为“现代人”的人通常是孤独的。他必须如此，而且一直如此，因为为了更为充分地意识到当下而走的每一步，都将使他远离最初与大多数人的“神秘参与”，从而不能沉浸于共同的无意识之中。向前迈出的每一步都意味着使自己与那种几乎囊括了整个人类的无所不包的原始无意识割裂开来。甚至在我们的文明社会中，那些从心理学上讲处于最底层的人，也几乎是像原始民族一样过着无意识的生活。比最底层稍高一个层次的那些人，其意识程度相当于人类文化萌芽之时的水平，而只有处于最高层次的人，其所具有的意识才能赶得上过去几个世纪以来的生活步伐。唯有我们所说意义上的现代人，才是真正生活在当下的人；只有这样的现代人，才具有对当下的意识；也只有他们才觉得那些与最低层次相适应的生活方式令人感到乏味。除非从历史的角度去看，否则，过去世界的价值和奋斗故事，已再也引不起他们的兴趣。因此，他就成了地地道道的“非历史的”人，而且是一个疏离了完全生活在传统范围内的大众的人。确实，只有走到世界的边缘，把所有没跟上时代的和超越了时代的东西都丢开，承认在自己面前的是一片虚无，而一切事物都有可能从这片虚无中生长出来，这样，他才算是一个完完全全的现代人。

有人可能认为这些话只不过是空话，只不过是陈词滥调。世界上没有什么比假装能意识到当下更为容易的事了。事实上，有一大群微不足道的人，他们忽略了发展的各个阶段，忽略了各个阶段所代表的生活任务，凭空摆出一副现代人的样子来。他们冷不丁地出现在真正的现代人身旁，就像是无根的吸血鬼，他们的空虚被当成了现代人难耐的孤寂，从而使现代人的名誉受损。现代人以及和他同属一类的人本来就很少，又被大量吸血鬼般的伪现代人隐藏了起来，所以，大众群体是看不到他们的。我们对此也无可奈何；因此，对于“现代人”，是要打上一个问号，去质疑一番的，过去是如此，现在也是如此。

要做真正的现代人，意味着自愿宣告破产，发誓要以一种全新的方式坚守贫穷和贞洁，而且更加痛苦的是，放弃历史的认可所给予他的荣耀。成为一个“非历史的”人就像是犯了一种普罗米修斯式的罪恶，从这个意义上讲，现代人都生活在罪恶之中。一种更高水平的意识就像是一种罪恶的负担。但是，正如我在前面所说的，一个人只有超越属于过去的意识阶段，充分地完成世界赋予他的职责，他才能获得一种充分的对当下的意识。要做到这一点，他必须在最大意义上成为一个头脑健全、能力突出的人，一个取得与其他人同样多的成就，甚至比其他人取得更多成就的人。正是这些品质，使得他获得了下一个层次，即最高层次的意识。

我知道，能力突出（proficiency）这一观念尤其让伪现代人反感，因为它让这些伪现代人想起了自己的骗人勾当。不过，这不能阻止我们把它作为现代人的判断标准。我们甚至不得不这样做，因为一个人如果没有能力，而又自称是现代人，那他就只不过是一个肆无忌惮的无耻之徒。他必须能力非常突出，因为如果他的创造力不足以弥补他对传统的决裂，那么，他就只不过是不忠于过去而已。把否定过去与对当下的意识混为一谈，纯粹是要把戏。“今天”介于“昨天”与“明天”中间，是过去和未来的连接；除此之外，别无他意。当下（present）代表了一个过渡的过程，能够在这个意义上意识到这一点的人，方可自称为现代人。

有很多人自称现代人，尤其是那些伪现代人。因此，我常常在那些自称老古董的人当中，找到真正的现代人。他采取这样一种立场，是有充分理由的。一方面，他强调过去，为的是在打破传统与我上文所说的那种罪恶感之间求得平衡。另一方面，他也不想被当成一个伪现代人。

每一种好的品质都有不好的一面，在这个世界上，凡是至善之物必定有其相对应的恶。这是一个令人痛苦的事实。现在，我们就面临着这样一种危险，即有关当下的意识可能会导致一种建立在幻觉基础之上的得意忘形：也就是说，幻想我们达到了人类历史的顶点，是无数个世纪的结果与成果。如果我们这样认为，就应当明白，这只不过是自豪地承认了我们的匮乏而已：我们同时也让世世代代的希望和期望破灭了。想想两千年来基督教思想吧，它最终带来的不是救世主的回归和天堂般的千年盛世，而是基督教国家之间的世界大战，还有铁丝网、毒瓦斯。这真的是天堂和人间的一场浩劫！

面对这样一幅图景，我们很可能会再一次变得谦卑起来。诚然，现代人是一个巅峰，但到了明天，他就会被超越；他确实是多个世纪发展的最终产物，但他同时也毁灭了人类的希望，使人类陷入最可悲的失望境地。现代人意识到了这一点。他已经看到，科学、技术和组织虽然会带来极大的益处，但也会导致灾难性的后果。同样，他也已经看到，那些善意的政府为了彻底地铺平和平的道路而遵守“在和平中备战”原则，结果却差点让整个欧洲分崩离析，走向毁灭。至于理想、基督教会、四海之内皆兄弟的信念、国际社会民主，以及经济利益“休戚相关”等，都没能经受住战火的洗礼——也就是，没经受住现实的考验。在战后 15 年的今天，我们再一次看到了同样的乐观主义、同样的组织、同样的政治抱负，以及同样的标语口号在流行。我们怎能不担心它们将不可避免地导致更多的灾难呢？我们对所有禁止战争的协议都持怀疑的态度，即使我们希望这些协议能够取得一切可能的成功。说到底，所有这些治标不治本的措施，都让我们感到怀疑并在心底折磨着我们。总的来说，我认为，现代人遭受了几乎致命的打击，从心理学上讲，他们因此而陷入了深深的不确定性之中，我这样说并没有夸大其词。

我认为，这些陈述已经足够清楚地表明，医生这个身份使我的观点带上了某种色彩。医生总是在诊断疾病，而我又不能不做一名医生。但对医生这个职业来说，最根本的一点是，他不应该诊断出其实并不存在的疾病。因此，我不会宣称全体白种人，尤其是西方国家的白种人都已经身患疾病，也不会断言说西方世界到了崩溃的边缘。我完全没有资格做出这样的判断。

当然，我只是从自己的经验以及与他人相处的经验中，得出了关于现代人精神问题的见解。我接触过成百上千来自白人世界各个角落的受过教育的人士（其中有些是病人，有些身心健康），对于他们隐秘心理生活中的某些内容，我略知一二，我的陈述就是以这些经验为基础的。毫无疑问，我只能画出一幅片面的图景，因为我观察到的事物都是心理生活事件；这些事件存在于我们的内心——即内在的一面（*inner side*），如果我可以这么说的话。我必须指出，心理生活并非总是如此；心理的内在一面并非在任何时间、任何地点都能让人找到。有些种族或在某些历史时期，人们不太注重心理生活，此时，心理也会表现为外在的一面（*outside*）。我们可以以任何一种古代文化为例，尤其是埃及文化。埃及文化的客观性让人印象深刻，人们淳朴地为其从未犯过的罪行而忏悔着。[①] 我们不会把巴赫（Bach）的音乐当作只是个人情感的表现，同样也不会觉得金字塔和塞加拉的埃皮斯神牛墓（Apis tombs of Sakkara）是在表达某种个人的问题或个人的情感。

不管什么时候确立了一种外在的形式，不管是仪式性的形式还是精神上的形式，只要充分地表达了灵魂所有的渴求和希望——就像现存的某种宗教那样——那么，我们就可以说，心理是外在的，而且严格地说，并不存在什么精神的问题。与这一事实相吻合的是，心理学的发展完全是近几十年的事，尽管在老早以前人们就已经具有足够的自省能力和智力，辨认出那些被当成心理学研究主题的事实。技术知识方面的情况也是如此。罗马人早就对所有的机械原理和物理事实甚为熟悉，他们本可以在此基础之上制造出蒸汽机，但其实，在这些基础之上产生的却只是亚历山大里亚的希罗（Hero of Alexandria）手中的一个玩具。这是因为当时没有更进一步的迫切需要。到了 19 世纪，因为出现了劳动分工和专业化，所以才有了运用一切可获得的知识的需要。同样，在我们这个时代，某种精神方面的需要促使我们“发现”了心理学。当然，心理在任何一个时代都会展现出来，只是在过去它不曾吸引人们的注意——没有人曾注意到它的存在。人们没有注意到心理，也一样生活得很好。但是到了今天，如果我们不全力以赴地研究心理的动向，就没法很好地生活下去了。

医疗行业的人最先注意到这一点；因为牧师只关心在一个公认的信念体系内，建立一种不受干扰的心理功能。只要这一信念体系能够真实地表达生活，心理学就只不过是健康生活的一种辅助，而

① 按照埃及的传统，当死去的人在阴间遇到判官时，要非常详细地招认那些他从没有犯过的罪行，而实际的罪行则不必提及。——译者注

心理本身也不会被当成一个问题。当人仍然过着群体生活时，他并没有什么属于他自己的“精神的东西”；他也不需要任何这样的东西，而只需要像大家一样相信灵魂不朽就可以了。但是，一旦他超越了他出生当地的那种宗教形式——一旦这种宗教再也不能包容他生活的全部时——心理就会成为一种凭其自身而存在的东西，这种东西单靠教会的那一套措施是无法处理的。正因为如此，今天的我们才有了一门建立在经验基础之上的心理学，而非基于某些信条或任何一种哲学体系的基本假设。在我看来，我们拥有这样一门心理学的事实本身，就是精神生活出现了剧烈震动的迹象。一个时代的精神生活的分裂，其模式与个体发生剧变的模式一样。只要一切进展顺利，心理能量能够以恰当、有条理的方式得到利用，我们就不会受到内心的干扰；不确定性或怀疑便不会困扰着我们，我们也不可能被分裂成相互对立的两部分。但是，一旦心理活动的一两条通道被堵塞，我们立马就会想到一条被拦截的河流。水流会朝着它的源头，逆流而上；内在的那个人想要的东西，外在的那个有形的人却不想要，于是，我们便开始与自己交战。只有在这样陷入痛苦的时刻，我们才发现了心理；或者更确切地说，我们才发现了那种阻挠我们意志的东西，它让我们觉得很陌生，甚至对我们充满了敌意，或者与我们意识到的观点不相容。弗洛伊德在精神分析方面所下的功夫，最为清晰地体现了这一过程。他最先发现了性变态和犯罪幻想的存在，从表面上看，它们与一个文明人意识到的观点完全不一致。凡是受到这些性变态和犯罪幻想激发的人，无疑都是反叛者、罪犯或疯子。

我们不能假设说，无意识或人类心灵深处的这个方面是某种崭新的事物。在每一种文化中，它们很可能一直都存在。每一种文化都会孕育出与它相反的具有破坏性的东西，但是在我们之前的任何一种文化或文明，都不曾被迫极其热切地研究这些心理的潜流。心理生活总会表现在某种形而上学的体系中。但是，有意识的现代人尽管付出了艰苦而顽强的努力，最终却也不得不承认心理力量的威力。这就将我们这个时代与其他所有时代区别了开来。我们再也不能否认无意识的激流是有效的力量——即存在的一些心理力量并不符合我们的理性的世界秩序，至少当前是不符合的。我们甚至把我们对这些力量的研究提升到了一门科学的高度，这再一次证明了我们对这些力量的热切关注。在过去的世纪里，人们可能将它丢掷到了一旁，未加注意；但对现在的我们来说，它们就像是一件脱不掉的内萨斯的衬衫（a shirt of Nessus）。

世界大战的灾难性后果使得我们的意识观念进行了一场革命，这场革命发生在我们的内在生活中，粉碎了我们对自身和自身价值的信仰。我们过去常常把陌生人——也就是，另外一面——看成是政治上和道德上的堕落者；但是，现代人不得不承认，他在政治上和道德上跟其他所有人都是一样的。虽然我以前认为，让别人遵守秩序是我义不容辞的责任，但我现在则承认，我也需要让我自己遵守秩序。我现在之所以比以前更容易承认这一点，是因为我非常清楚地认识到，我正在对理性世界组织存在的可能性慢慢地失去信心，那个充满了和平、和谐的千年盛世的古老梦想已经渐渐褪色了。现代人对所有这些事情都持怀疑态度，这给他们想要改革政治和世界的热情浇了一盆冷水；除此之外，这种怀疑态度也不利于顺利地将心理能量运用于外在世界。由于这种怀疑态度，现代人又转而只能依靠自己了；他们的能量开始流向源头，把那些一直存在于那里的心理内容冲刷到了表面（而只要河水能够在其河流上顺畅地流淌，这些心理内容就会隐藏在淤泥之中）。而在中世纪的人眼中，世界与此完全不同！在他们看来，地球永远是固定的，静止在宇宙的中心，太阳的运行轨道则围绕着地球，并热切地散发它的温暖。每一个人都是上帝的子民，上帝已经帮人们准备好了永恒的幸福，每个人只要享受着上帝的关爱即可；每一个人只有都清楚地知道自己应该做什么，以及该怎样做，才能从这个容易腐化堕落的世界中升起，成为一个不容易堕落且充满欢乐的存在。在我们看来，这样的生活，即使在梦里看起来也不再是真实的。自然科学在很早以前就已经把这层可爱的面纱撕成了碎片。那个时代就像童年一样已经远去，在童年时期，我们都相信自己的父亲毫无疑问是世界上最英俊、最强壮的男人。

现代人已经丧失了中世纪的同胞们所拥有的那些形而上学的确定感，于是，他们建立了物质保障、公共福利和人道主义的理想来取而代之。但是，要想让这些理想看起来依然毫不动摇，所需要的乐观主义就不是一点点了。甚至连物质上的保障也实现不了，因为现代人已经开始看到，物质上的每一次“进步”都会导致一场更加惊人的灾难性威胁。这种情境，光想象一下就已经让人觉得恐怖了。现在，城市已经拥有了完善的预防毒气袭击的措施，并且经常举行“演习”，当我们看到这些，又能想象出些什么呢？我们也只能认为，这样的毒气袭击其实已经在计划之中，并已经做好了应对的准备——再一次遵循了“在和平中备战”的原则。要是让人们去积累一些毁灭性的材料，那么，过不了过久，他们内心的那个恶魔一定会忍不住让这些材料去实现其命定的用途。大家都知道，只要把足够多的武器放在一起，这些武器便会自动引发爆炸。

有一条控制盲目偶然事件的规律，赫拉克利特（Heraclitus）称之为向对立面转化（*enantiodromia*）法则，这条法则所暗示的结果已经偷偷地溜进了现代人的头脑里，吓得他们不寒而栗，使他们在面对这些可怕的力量时丧失对社会措施和政治措施的信心。在一个盲目的世界里，建设和毁灭轮番上阵，如果现代人对这种可怕的前景避而不见，把审视的目光投向自己的内心深处，那么，他就会发现那是一片他想要忽视的混乱和黑暗。科学甚至已经摧毁了内心生活的避难所。那里曾是一个避风的港湾，如今却成了恐怖的地方。

然而，我们在自己的内心深处发现了这么多的邪恶，这对我们来说却算得上是一种解脱。至少，我们可以相信，我们已经找到了人类邪恶的根源。尽管我们一开始感到非常震惊和无比失望，但这些东西是我们自己心理的表现，这让我们觉得它们或多或少是掌握在我们自己手中的，因而能够矫正它们，或者至少可以有效地抑制住它们。我们喜欢做这样的预设：如果我们成功地做到了这一点，那么，我们将根除世界上的一部分邪恶。我们还喜欢这样认为：人们已经广泛地了解了无意识及其作用方式，在此基础之上，谁都不可能会被一位意识不到自身邪恶动机的政治家给欺骗了；报纸首先就会出面制止他："去接受精神分析吧！你有一种被压抑的恋父情结。"

我之所以特意选择这个怪诞的例子是为了说明，我们每个人心中都有一个荒谬的幻觉，以为凡是心理的东西都在我们的掌控之中。如果我们相信了这种幻觉，那就太荒诞了。因为真相却是，世界上大部分的邪恶确实是因为这样一个事实，即人们总的来说是无意识的，甚至到了令人绝望的地步。此外，还有一个真相是，随着洞察力的增强，我们可以与这些邪恶的根源作一番斗争。就像科学使我们能够处理外界施加给我们的创伤一样，它也能帮助我们处理来自内部的伤害。

过去 20 年来，对"心理学"的兴趣在全球范围内迅速增长，这无疑表明，现代人在某种程度上已经把他的关注点从物质转移到自己的主观过程上了。我们应该把这仅仅当成是一种好奇吗？不管怎么说，艺术都有办法预测人类未来的基本观念将会发生什么样的改变，而在这种更为普遍的变化发生之前，表现主义艺术就已经完成了这种主观的改变。

当前这种对“心理学”的兴趣表明，人们期望能从心理生活中得到一些他从外部世界得不到的东西：毫无疑问，这些东西是我们的宗教本应该包括但却没有包括在内的——至少对现代人来说是如此。在现代人看来，各种形式的宗教似乎不再源于内心——不再是他自己的心理生活的表现；他们认为，宗教成了只能被归为属于外部世界的东西。他们已无法获得一种不属于这个世界的精神的启示；但他们还是尝试了一些宗教和信念，就好像它们是礼拜天穿的盛装，但结果还是再一次把它们扔到了一边，就好像扔掉穿旧了的衣服一般。

但不知为何，他们却迷上了无意识心理那些近乎病态的表现。我们必须承认这样一个事实，即不论理解过去曾被时代抛弃的东西有多困难，这些东西还是确实突然又吸引了我们的注意。人们普遍对这些东西感兴趣，这是一个不可否认的事实，尽管这种兴趣破坏了高雅的品位。我所说的不仅仅是对作为一门科学的心理学的兴趣，也不仅仅是更狭隘的对弗洛伊德的精神分析的兴趣，而是对各种心理现象的广泛兴趣，这些心理现象可以表现为唯灵论、占星术、神智学（theosophy）等。自 17 世纪末以来，世界上就再也没有出现过这些现象了。我们只能把它与基督之后一两个世纪的诺斯替教（Gnostic）思想的繁荣进行比较。事实上，当前的精神潮流与诺斯替教有着深刻的契合之处。在今天的法国，甚至还有一个诺斯替教教堂，我还听说，在德国有两个教派，其成员公开宣称自己是诺斯替教信徒。从数量上看，给人印象最为深刻的现代运动无疑是神智学，还有它在欧洲大陆的姊妹灵智学（anthroposophy）；它们都是穿着印度教外衣的纯粹的诺斯替教。与这些运动相比，人们对科学心理学的兴趣几乎可以忽略不计。诺斯替教体系最吸引人的地方在于，它完全建立在无意识的表现之上，它的道德说教从不回避生活中的阴暗面。甚至在其于欧洲复兴的形式，即印度教的昆达利尼-瑜伽（*Kundalini-Yoga*）中，也同样体现出了这一特征。就像每一个了解神秘主义这一主题的人都可以证明的，上述论断在该领域也同样适用。

毫无疑问，对这些运动的强烈兴趣，产生于再也不能用旧有的宗教形式来消耗的心理能量。因此，这些运动带有一种真正的宗教特点，即使在它们把自己伪装得非常科学时也是如此。即使鲁道夫·斯坦纳（Rudolf Steiner）把他的灵智学称为“精神的科学”（spiritual science），埃迪夫人（Mrs. Eddy）发现了一门“基督教科学”（Christian Science），这也改变不了什么。这些想要掩盖事实的企图，只能说明宗教已经变得越来越令人怀疑——几乎就像政治和世界改良一样令人怀疑。

我认为，与19世纪的人相比，现代人满怀期望地把他的注意力转向了心理；而且，他们在这样做的时候，并没有参考任何的传统信条，而是基于诺斯替教意义上的宗教经验。我相信，我的这种说法并没有言过其实。上面提到的这几个运动都是尽量以科学的姿态出现的，如果我们因此而只看到它们滑稽的模仿或伪装的一面，那我们就错了；它们这样做是想表明，它们实际上是在追求“科学”或知识，而不是追求作为西方宗教之本质的信仰（*faith*）。现代人厌恶那些基于信仰所做出的教条主义假设，也厌恶那些以教条主义假设为基础的宗教。他们坚持认为，只有当这些假设的知识内容看起来与他们自身对深层心理生活的体验相一致时，这些假设才是合理有效的。他们想亲自去了解，亲自去体验。圣保罗教堂的主教英奇（Inge）已经让我们注意到，英国圣公会也发起了一场目标相似的运动。

发现的时代在我们这里已经结束，地球上已经没有一个地方没有被探索了；当人们不再相信居住在北极的居民一直生活在永远都有阳光照耀的乐土上，而是想亲自去探索，想亲眼去看看已知世界的边界外面究竟还有些什么时，发现的时代就开始了。在我们这个时代，人们显然是在一门心思地想发现，除了意识之外，心理中还存在些什么。每一个唯灵论的圈子都在问：在通灵者失去意识之后，发生了些什么？每一个神智学者都在问：如果我的意识上升到了一个更高的层次，我会体验到些什么？每一个占星术士都会这样问：在我有意识的意图所及的范围之外，有哪些有效的力量和因素决定了我的命运？而每一个精神分析师则会问：神经症背后的无意识驱力是什么？

在我们这个时代，我们希望能够在心理生活中获得实际的经验。我们想亲自去体验，而不是在其他时代经验的基础上去猜想。不过，这并不妨碍我们采用一种假设的方式来进行尝试——如，公认的宗教和真正的科学。倘若过去的欧洲人对这些深入的研究做细致观察的话，他们一定会感到不寒而栗。他们不但会认为这一研究的主题过于晦涩和神秘，而且在他们看来，甚至所采用的方法也过分地滥用了人类在智力上所取得的最高成就。如果我们对一位天文学家说，300 年前的一个星象，放在今天至少能画出 1 000 幅不同的星象图，不知道他会作何感想？假如哲学启蒙时期的教育者和倡导者得知，自古希腊以来，世界没有摆脱任何一种迷信，那么，他们又将会说些什么呢？精神分析的创始人弗洛伊德本人，把一束耀眼的光芒洒在了心灵深处的肮脏、黑暗、邪恶的腹地之上，让人们觉得这些东西都是毫无用处的垃圾、渣滓；他费了九牛二虎之力，为的是阻止人们去探求它们背后的东西。弗洛伊德没有成功，他的警告甚至带来了反效果：他越阻止人们去探究东西，人们越要去一探究竟，从而唤醒了很多人对所有这些垃圾、渣滓的欣赏与赞美。我们忍不住要说，这纯粹就是变态；我们确实难以解释这一现象，除非解释说，驱使这些人这样做的并非是对污秽的热爱，而只是对心理的痴迷。

从19世纪开始——也就是，在法国大革命那些难忘的岁月之后——人们赋予心理的地位便越来越重要，人们对心理越来越关注，也就意味着心理对人们的吸引力越来越大。这一点毋庸置疑。对西方世界而言，理性女神（Goddess of Reason）在巴黎圣母院的登基是一个具有重要意义的象征——其意义很像基督教传教士们砍倒沃旦（Wotan）的橡树。因为就像在法国大革命中一样，当时天上也没有劈下复仇之雷来击倒这些渎神者。

那个时候，一个名叫安克蒂尔·杜门阶（Anquetil du Perron）的法国人正在印度生活，18世纪初，他带回了《奥义书》（*Oupnek' hat*）的译本——《五十奥义书》——这本书让西方世界第一次对东方人神秘的精神世界有了深刻的认识。这肯定不仅仅只是机缘巧合。在历史学家看来，这只是一个没有什么前因后果的巧合。但是，就我作为医生的经验来看，我并不认为这只是一个偶然事件。确切地说，在我看来，它满足了一条心理学规律，而这条规律至少在个人生活领域是合理有效的。这条规律就是——任何一部分失去了其重要性和价值的意识生活，都会在无意识中获得一种补偿。我们可以把它看成一条与物理世界中的能量守恒定律相类似的规律，因为我们的心理过程也有一个量的方面。任何一种心理价值，如果没有被另一种相同强度的心理价值所取代的话，是不会凭空消失的。这是一条在心理治疗师的日常实践中得到了实际认可的规律；它一次又一次地得到证实，从未失效。因此，作为一名医生，我断然不会承认，一个民族的生活会超出心理学的这条规律。在医生的眼中，一个民族的心理生活只不过是一幅比个体的心理生活稍微复杂一点的图景而已。而且，反过来说，诗人不是经常说到他的灵魂“国度”吗？在我看来，这种说法非常正确，因为从某个方面看，心理并不是个人的，而是源自于民族、集体，甚至是整个人类。从某种意义上说，我们是一种无所不包的心理生活的组成部分，或者用伊曼纽·史威登堡（Emanuel Swedenborg）的话说，我们是一位“最伟大”的人的组成部分。

因此，我们可以打个比方来加以说明：在我这样一个单个个体的身上，内在的黑暗会唤来光明的帮助，与此类似，一个民族的心理生活也是如此。在那些如潮水般涌入巴黎圣母院、一心想要推翻宗教的人群之中，黑暗而又莫可名状的力量发挥了作用，使每个人都迈步向前冲去；这些力量同样也在安克蒂尔·杜门阶身上产生了作用，激发出了一个永载史册的答案。安克蒂尔·杜门阶把东方的思想带到了西方，其对我们所产生的影响至今都无法估量。我们应当谨慎，千万不能低估了这种影响！事实上，到目前为止，仅从欧洲知识分子的表象还看不出受到了多大的影响：几个东方学者、一两个热衷于佛教的人，还有少数几个忧郁的名人，如布拉瓦茨基夫人（Madame Blavatsky）和安妮·贝赞特（Annie Besant）等。这些表现让我想到了人类海洋中的一些零星小岛，但实际上，它们却像是巍峨冰山露出水面的一角。直到最近，凡俗之人还认为占星术早就已经过时了，人们可以放心大胆地嘲笑它了。但是今天，占星术再一次从社会的深处崛起，敲响了大学的大门，而在大约 300 年前，大学把占星术驱逐出了门外。东方的思想也是同样的情况；它在社会的最底层扎下了根，然后缓慢地破土而出。多纳赫（Dornach）修建灵智学派的庙宇共计花费五六百万瑞士法郎，这笔钱是从哪里来的？当然不可能是一个人出的。遗憾的是，没有统计数字能够告诉我们，现在公开信奉神智学的人数究竟有多少，更别提那些没有公开的信奉者了。不过我们可以肯定，这个数字得有几百万之多。在这个数字之上，我们还要加上有信奉基督教或神智学倾向的数百万唯灵论者（Spiritualists）。

伟大的革新从来都不是自上而下的，它们无一例外都是自下而上的，就像树木从来都不会从空中往下长，而是从大地向上生长一样，不过，树木的种子倒确实是从空中掉下来的。世界的动荡与我们意识的动荡完全是一回事。一切都变成了相对的，因而也是可疑的。当人们犹豫而又疑惑地看着这个因充斥着各种和平条约、友好协定、民主与独裁、资本主义与布尔什维克主义而变得混乱不堪的世界时，他们的精神渴望能够获得一个答案，来缓解因怀疑和不确定而产生的混乱焦虑感。顺应无意识心理力量而行事的，正是这些处于社会底层的人；他们是这片土地上被人瞧不起的沉默的大多数——与那些声名显赫者相比，他们受到学术偏见的影响较小。站在高处往下看，你会发现所有这些人都正上演着一场枯燥乏味或滑稽可笑的喜剧；不过，他们就像那些曾被认为有上帝庇佑的加利利人（Galileans）一样，非常淳朴。当我们看到，如果人类心理中的垃圾可以用一本辞典来装的话，这本词典得有一英尺厚时，这不足以让我们觉得触目惊心吗？我们发现，《人类生活百态》（*Anthropophyteia*）中一丝不苟地记录下了那些最无聊的胡言乱语、最荒唐的行为和最疯狂的幻想，而蔼理士（Havelock Ellis）和弗洛伊德等人也在他们严谨的论文中论述过类似的问题，他们的这些论文赢得了科学界的许多赞誉。他们的读者群体遍布整个文明的白人世界。我们该怎样解释这种对令人讨厌之物的狂热的、几近疯狂的盲目崇拜呢？我们可以这样来解释：这些讨厌之物属于心理，它们是心理中的物质，因此就像从古代废墟中抢救出来的手稿碎片一样珍贵。甚至连内心生活中那些秘密和有害的东西，在现代人看来也是有价值的，因为这些东西适合于他们的目的。但是，他们的目的又是什么呢？

弗洛伊德在《释梦》（*Interpretation of Dreams*）的前言中引用了一句拉丁文：*Flectere si nequeo superos Acheronta movebo*——“假如我不能上撼天堂，我将下震地狱。”但是，这样做的目的又是什么呢？

那些我们要将其撵下台的神灵，正是我们的意识世界中那些被当成偶像来崇拜的价值观念。众所周知，最让古代诸神名誉扫地的，是他们的爱情丑闻；而现在，历史正在重演。人们开始揭露我们所颂扬之美德和至高无上之理想的那些令人怀疑的基础，并对着我们发出胜利的欢呼：“这就是你们人为制造出来的神灵呀，他们不过是沾染了人类劣根性的陷阱和妄想罢了——就好像是经过了一番粉饰的坟墓，里面装满了尸骨和污秽。”我们听出其中有一个熟悉的声音，那种我们一直无法真正拥为己有的福音，再一次出现了。

我深信，这些类比并没有什么含糊之处。在许许多多的人看来，弗洛伊德心理学比福音更加珍贵，而且，他们觉得，俄罗斯式的恐怖比公民道德更有意义。然而，这些人都是我们的同胞，在我们每个人的心里，至少有一种声音会支持他们——因为归根结底，有一种心理生活将我们所有人都囊括其中。

这场精神变革所带来的结果出乎我们的意料，它让世界的嘴脸变得更加丑陋了。世界变得如此的丑陋，以至于没有人能够再爱它——我们甚至无法继续爱自己——直到最后，外部世界里已没有任何东西能够吸引我们离开内在生活的现实。毫无疑问，这便是这场精神变革的真正意义所在。毕竟，神智学及其主张的因果报应（*Karma*）和灵魂转世的教义，除了告诉我们所看到的这个世界不过是道德不完善之人的临时疗养地之外，还能教给我们些什么呢？它也像现代人的观点中所表现出来的一样，强烈地贬低当前这个世界，只不过使用了不同的技巧而已；或者，它并没有诋毁这个世界，而只是赋予了它一种相对的意义，因为它许诺会出现其他更高级的世界。不论是哪种情况，结果都是一样的。

我承认，所有这些观念都是非常"不学术的"，事实上，它们所触及的是现代人最没有意识到的一面。现代思想与爱因斯坦的相对论和原子结构理论［这些理论使我们抛弃了宿命论和视觉表现（visual representation）］相吻合，难道这也仅仅只是巧合吗？甚至连物理学也让我们的物质世界动荡不安了。因此，在我看来，现代人开始依赖于心理生活的现实，并期待从中得到世界所不能给予他的那种确定性，也就不足为怪了。

但是，就精神层面而言，西方世界的状况十分危险——而且，我们越是盲目地幻想灵魂之美而对残酷的现实视而不见，这个危险就越大。西方人常常为自己焚香，他本来的面容便在这烟雾缭绕中被遮掩了起来。但是，我们给其他肤色的人留下什么样的印象呢？中国人和印度人是怎么看待我们的？在黑人心中，对我们是什么样的感觉？那些被我们侵占了国土并用朗姆酒（rum）和性病去毁灭的人，又是如何看待我们的呢？

我有一位印第安人朋友，他是普韦布洛一个部落的酋长。有一次，我们私下谈到了白人，他对我说："我们不了解白人；他们总是想要得到什么东西——总是焦躁不安——一直在寻找着什么。找什么呢？我们不知道。我们理解不了他们。他们长着那么尖的鼻子，嘴唇看起来又薄又无情，脸上还有那么多的皱纹。在我们看来，他们都是疯子。”

我的这位朋友虽然不能说出它的名字，但他认出了雅利安人（Aryan）的那只食肉猛禽，这种食肉猛禽有着贪得无厌的强烈欲望，想要统治每一寸土地——就连那些与它毫不相干的土地它也想要。此外，我的这位朋友还注意到了我们的妄自尊大（megalomania），正是这种妄自尊大使得我们认为基督教是唯一的真理，而白种人的基督是唯一的救世主。我们用科学和技术让整个东方陷入混乱之中，然后从中渔利，甚至还把传教士派到了中国。被派往非洲的传道士冲击了当地的一夫多妻制，结果导致卖淫活动泛滥，仅乌干达这一个地方，每年就要花费两万英镑来预防性病的传播，道德方面所导致的后果就更不用说了，简直糟糕透顶。善良的欧洲人居然还为了教化方面所取得的这些成就而付薪水给传教士们！此外，还有波利尼西亚（Polynesia）的苦难故事、鸦片贸易所带来的“福祉”之类的，就更不必提了。

当欧洲人从道德烟雾中走出来时，他们就是这样一副嘴脸。难怪在探索心理生活中隐藏的碎片之前，我们必须要先把这一乌烟瘴气的沼泽清理干净才行。只有像弗洛伊德这样伟大的理想主义者，才会穷其一生从事这项污秽的工作。这就是心理学的开端。对我们而言，唯有从这一目标出发，才能了解心理生活的现实，了解那些让我们感到厌恶且不愿直视的东西。

但如果对我们来说，心理只是由邪恶和毫无价值的东西构成的，那么，世界上就没有哪种力量能诱使一个正常人假装发现这个世界是很有吸引力的。正因为如此，那些在神智学中只看到令人遗憾的浅薄知识，或者在弗洛伊德的心理学中只看到煽情内容的人预言说，这些运动会不光彩地草草收场。他们忽视了这样一个事实，即这些运动的力量来自于心理生活本身所拥有的吸引力。毫无疑问，它们所唤起的强烈兴趣可以通过其他的方式来表达；但在找到更好的方式来替代它们之前，这些兴趣肯定会通过这些方式来表现。归根结底，迷信和变态（perversity）是同一回事。它们都是过渡阶段或者萌芽阶段，从中将会产生出更新、更成熟的形式。

不论从知识、道德还是审美的视角看，西方心理生活的潜流所呈现的都是一幅令人厌恶的画面。我们在四周建立起了一个雄伟的世界，用尽全力为它效劳。但是，它之所以能够如此气势宏伟，只是因为我们将自己本性中所有气势宏伟的东西都用在了外部，而当我们审视自己的内心时，所看到的就必然是残缺和不足。

我意识到，我在说这些话的时候，其实是在某种程度上预期意识的实际增长。现在，人们尚未对心理生活的事实有普遍的洞察。西方人只不过是正行走在认识这些事实的路上，出于一些可以理解的原因，他们与之展开了激烈的搏斗。当然，斯宾格勒（Spengler）的悲观主义在一定程度上对西方人产生了影响，但这种影响被安全地局限在了学术圈子里。至于心理的洞察，它总会侵犯到私人的生活，因此常常会遭到个人的抵制和否认。我绝不认为这些抵制毫无意义；相反，我从中看到了一种在面对具有破坏性、威胁性的东西时的健康反应。无论什么时候，只要把相对论当成基本原则和终极原则，它就会产生一种破坏性的影响。因此，当我要大家把注意力转向心理中那可怕的潜流时，绝不是为了高唱什么悲观的论调；确切地说，我只是想强调一个事实，即无意识不仅对患者具有很强的吸引力，而且对健康的人和富有建设性的人来说也是如此——尽管无意识确实有其可怕的一面。心理的深处是本性，而本性就是创造性的生活。诚然，本性有时会毁掉她亲手建立起来的一切，但是，她会再次把它们建造起来。不管现代相对论在这个有形世界里摧毁了什么有价值的东西，心理都会产生与之对等的替代品。一开始，我们看不到这条通往黑暗和可憎事物的道路的尽头，但是，无法忍受这番景象的人，一定也看不到光明和美好。光明永远诞生于黑暗之中，太阳也不会永远都一动不动地静止在空中，以满足人们的渴望或消除其恐惧。安克蒂尔・杜门阶的例子不是已经向我们表明，心理生活是怎样从自身的黑暗中生存下来的吗？在中国，几乎没有人相信欧洲的科学和技术正准备将她摧毁。那我们为什么要相信我们会被东方神秘的精神影响摧毁呢？

但是，我忘了一点，我们一直都没有认识到，就在我们用技术优势把东方的物质世界搞得天翻地覆之际，东方也在用它的心理优势把我们的精神世界搞得一片混乱。我们未曾想到，当我们从外部制服东方时，东方也许正从内部牢牢地控制着我们。我们也许会觉得这样一种观点简直可以说是愚蠢之极，因为我们的肉眼只能看到明显的物质联系，却看不到我们中产阶级的知识混乱状况是由马克斯・缪勒（Max Müller）、奥登伯格（Oldenberg）、诺伊曼（Neumann）、多伊森（Deussen）、卫礼贤（Wilhelm）之辈造成的。罗马帝国的例子给了我们怎样的教训？在征服了小亚细亚之后，罗马就被亚洲化了；甚至欧洲也受到了亚洲的影响，直到今天依然如此。从西里西亚（Cilicia）传来的密斯拉神崇拜（Mithraic cult）——密斯拉神崇拜是罗马军队的宗教——从埃及一直传到浓雾弥漫的大不列颠。还需要我指出基督教的根源在亚洲吗？

我们还没有清晰地掌握这样一个事实，即西方的神智学其实是对东方的一种业余模仿。我们只不过是重新操起了占星术的旧业，而占星术对东方人来说就是家常便饭。我们对性生活的研究起源于维也纳和英格兰，但是，印度教在这个方面的教义可以与我们相媲美，甚至超过了我们。10个世纪以前，东方就有典籍向我们介绍了富有哲理的相对论，而不久前才在西方出现的不确定性（indetermination）的观念，则恰恰是中国科学的基础。卫礼贤（Richard Wilhelm）甚至对我说，分析心理学中发现的某些复杂过程，在中国古代典籍中早就有明确的描述了。精神分析本身及其所产生的思路——显然无疑是西方人发展出来的——和东方古老的艺术相比，不过是一个初学者的尝试罢了。我们还应该提一句，有关精神分析与瑜伽之间的相似之处，奥斯卡·施米茨（Oskar A. H. Schmitz）已经做了追溯。

神智学者们有一个有趣的想法，他们认为，有一些圣人（Mahatma）坐在喜马拉雅山脉或中国西藏的某个地方，启发或者指导着世界上的每一个人。事实上，东方人对巫术的信仰对头脑健全的欧洲人产生了非常强烈的影响，以至于他们当中有些人信誓旦旦地对我说，我所说的所有好东西都是在不知不觉中受到了圣人的启发，而我自己的灵感根本就不算什么。这个关于圣人的神话传遍了西方世界，他们对此深信不疑，这个神话绝不是胡说八道，而是像每一个神话一样是一种重要的心理事实。东方看起来好像确实是我们现在正在经历的这场精神变革的根本。不过，这里的东方并不是一座住满了圣人的西藏寺院，而是从某种意义上说，它在我们的内心深处。新的精神形式正是产生于我们自身心理生活的深处；它们是一些心理力量的表现形式，这些心理力量可以帮助我们控制雅利安猛禽那种无限制的捕食欲望。我们或许将逐渐地了解一种生活的界定，这种生活在东方已经发展为一种令人生疑的清静无为；我们还会逐渐地了解到人类生存的一种稳定感，当精神需求像社会生活中的必需品一样不可或缺时，人类的生存就获得了这样一种稳定感。然而，在这个美国化的时代，我们与这种状态还相去甚远，在我看来，我们还只是站在一个新的精神时代的门槛上。我不想冒充自己是先知，但如果不强调动荡年代生出的对安定的渴望，或者在身处不安全境地时生出的对安全的渴望，我就无法描绘现代人的精神问题。新的生活方式通常产生于需要和痛苦，而不是产生于希望或者对理想的追求。

在我看来，当代精神问题的症结，可以从心理生活对现代人的吸引力中找到。如果我们是悲观主义者，我们将会说这是一种颓废的迹象；而如果我们是乐观主义者，我们就会从中看到这样一种前景，即西方世界将会发生一场意义深远的精神变革。不管怎么说，它都是一种有重大意义的表现。由于在每一个民族的各个阶层中都有这样的表现，它就更加值得注意了；而且，由于它是一个有关那些不可估量之心理力量的问题，这些力量用我们没有预料到——正如历史所表明的——也无法预料的方式改变着人们的生活，它就变得更加重要了。虽然今天还有许多人没有看到这些力量，但是，它们却是当前人们对“心理学”如此感兴趣的原动力。心理生活的吸引力是如此强大，以至于他们对那些必定能够发现的东西既不会感到厌恶，也不会感到失望，这样一来，心理生活中也就没有什么病态或反常之处了。

在世界的条条大路上，一切都显得那么荒凉和陈旧。现代人出于本能，纷纷离开前人已经走过的路，转而去探索旁路和小道，就像古希腊-罗马世界的人抛弃了那些已不存在的奥林匹亚神灵，转向了亚洲的神秘崇拜一样。我们内心那股一直驱使着我们去探索的力量，现在指向了外部，吸纳了东方的神智学和巫术；不过，它也指向内部，引导我们去关注和思考无意识心理。它唤起了我们心中的怀疑态度和百折不挠的精神，佛陀（Buddha）就是用同样的怀疑态度和百折不挠的精神将他的 200 万神甩到了一边，获得了唯一可信的原始经验。

现在，我们必须问最后一个问题。我所讲的关于现代人的一切是真有其事呢，还是纯属幻觉所带来的结果？毫无疑问，在几百万西方人眼中，我所引用的事实完全是一些毫无相干的偶然事件，而在众多受过教育的人看来，它们好像只是令人遗憾的错误。但是，我想问一句：当一个有教养的罗马人看到基督教在最底层的民众中间传播，他会作何观感呢？在西方世界，《圣经》中的上帝仍然是一个活生生的人。拥有一种信仰的人总会把持有另一种信仰的人斥为可耻的异教徒，如果他改变不了对方的信仰，就会给予他怜悯和容忍。不仅如此，“聪明的欧洲人”还坚信，宗教之类的东西对大众和妇女来说相当有益，但若是与经济和政治事务相比，就显得微不足道了。

因此，我就像一个在晴空万里之时却预言说暴风雨即将来临的人一样，一直遭人驳斥。或许他感觉到这是一场发生在地平线以下的暴风雨，而且，这场暴风雨可能永远也不会降临在我们身上。但是在心理生活中，重要的、有意义的内容永远都藏在意识的地平线之下，当我们谈到现代人的精神问题时，我们所涉及的是一些几乎看不见的东西——即最为隐秘、最为脆弱的东西——它们就像在夜间开放的花朵。在白天，一切都看得见摸得着；但是，黑夜与白天一样长，我们也在夜间生活。有的人甚至会因为夜间做的噩梦而在白天心神不宁。而对很多人来说，白天的生活也像是一个非常恐怖的噩梦，以至于他们渴望夜晚的到来，只有到了夜里，他们的精神才会觉醒。我甚至相信，今天有很多这样的人，因此，我坚持认为，现代人的精神问题在很大程度上就是我所呈现的样子。有人指责我太过片面，对此，我确实不得不承认，因为我没有提到对一个真实世界的现代承诺精神，因为这一点人人皆知，所以每个人都可以针对它发表长篇大论。从以国际联盟等形式体现出来的国际主义或极端民族主义的理想中，我们可以看到这一点；另外，在运动、电影和爵士乐中，我们也可以看到这一点（它在电影和爵士乐中非常具有表现力）。

这些当然也是我们这个时代的典型症状；它们清楚无误地表明，人道主义的理想也应该将实实在在的身体包括其中。运动体现了人类身体所具有的独特价值，现代舞蹈也是。另一方面，电影和侦探小说一样，让人们可以在没有危险的情况下体验到充分的兴奋、激情和渴望（而在一种人道主义的生活秩序中，这些兴奋、激情和渴望是必须受到压抑的）。要弄清这些症状是怎样与心理状态发生关联的，其实并不难。心理所具有的吸引力带来了一种新的自我评价，即一种对人性基本事实的重新评价。如果这种新的自我评价让人类在以精神为名长期压抑肉体之后，现在又重新发现了肉体，那么，我们几乎不会感到惊讶。我们甚至要说，这是肉体对精神的报复。当凯泽林（Keyserling）以讽刺的口吻指出司机是我们这个时代的文化英雄时，他说的话就像往常一样可谓是一针见血。身体要求得到同等的认可；就像心理一样，身体也有其魅力。如果我们依旧摆脱不了认为精神和物质相互对立的陈旧观念的话，那么，当前的事态就可以说是一种无法忍受的矛盾，它甚至会让我们分裂、自相残杀。但是，如果我们能接受这样一个神秘的事实，即精神是内在的活生生的身体，而身体是外在的活生生的精神，二者其实同属一物的两个方面，那么我们就可以理解，为什么想要超越当前的意识水平就必须给予身体以应有的重视了。我们还将看到，对身体的信念无法容忍一种以精神的名义否定身体的观念。与过去的相似要求相比，物质生活和心理生活的这些要求在今天如此强烈，以至于我们可能会认为这是一种堕落的迹象。不过，这可能也意味着一种新生（rejuvenation），因为就像荷尔德林（Hölderlin）所说：

危险本身
就孕育着拯救的力量。[①]

我们实际上看到的是，西方世界正在经历着一种甚至更为快速的节奏——美国的节奏——它和清静无为、超然物外形成了鲜明的对比。外在生活与内在生活、客观现实与主观现实的两极之间产生了一种巨大的张力。这很可能是衰老的欧洲与年轻的美国之间的最后一场较量；也可能是有意识的人所做的一次孤注一掷或有益健康的努力，目的是骗取自然规律中隐藏的力量，并趁其他民族仍在沉睡之时取得更伟大、更英勇的胜利。这个问题将留待历史来回答。

在做了许多大胆的论断之后，在本章快要结束之时，我想回到开头时所做的承诺，即要谨记谦虚和谨慎的必要性。事实上，我一直都没有忘记，我的声音只是一种声音，我的经验只不过是沧海一粟，我的知识面并不比显微镜下的视野大多少，我心里的眼睛只是一面反映世界上一个小小角落的镜子，而我的观念——则仅仅只是一种主观的告解。

---

① *Wo Gefahr ist, Wächst das Rettende auch*（Hölderlin）.

第十一章
是心理治疗师还是牧师

事实上，有效推动医学心理学和心理治疗进一步发展的，是患者迫切需要解决的心理问题，而不仅仅是科学工作者提出的问题。医学作为一门科学，一直以来都避免涉及任何严格意义上的心理问题。虽然患者有迫切的需要，但它还是坚持自己一贯的立场，其依据的假设还是有些道理的：心理问题属于另外一个研究领域。不过，医学最终还是不得不扩大其范围，将实验心理学也囊括其中，就像它曾经也不得不一再借鉴化学、物理学、生物学等科学分支的内容一样——鉴于人类在生物学上的同质性。

我们自然应该让这些从别处借鉴来的科学分支成为一个新的研究方向。我们可以这样描述这一变化的特征：科学本身不是目的，科学之所以具有价值，是因为它们可以应用到人类身上。例如，精神病学（psychiatry）让自己从实验心理学的百宝箱中脱离了出来，从那个被称为精神病理学（psychopathology）——精神病理学是对复杂心理现象进行的研究的统称——的无所不包的知识体系中，找到了自己的位置。精神病理学有一部分建立在严格意义上的精神病学发现之上，另一部分则建立在神经病学的发现之上——神经病学这一研究领域最初包括了所谓的心因性神经症，而且在现在的学术用语中也依然如此。但实际上，在过去的几十年中，训练有素的神经病学家与心理治疗师已经有了很大的分歧，这个分歧最早可以追溯到对催眠术的研究。这一分歧是不可避免的，因为神经病学家专门研究的是器质性的神经疾病，而心因性神经症并不是通常意义上的器质性疾病。心因性神经症也不属于精神病学范畴，因为精神病学专门的研究领域是精神病或心理疾病——而心因性神经症不是通常意义上的心理疾病。相反，它们本身就构成了一个没有明确界限的独特领域，它们具有许多过渡形式，这些过渡形式指向了两个方面：一方面指向了心理疾病，另一方面则指向了神经疾病。

神经症有一个明确的特征：它产生的原因是心理方面的，而且其治愈完全依赖于心理疗法。我们对这个特殊领域从精神病学和神经病学两个方面进行界定和探索，所发现的结果非常不受医学科学的欢迎：心理是疾病的病源和原因。在 19 世纪，医学改变了其方法和理论，将自己塑造成了一门自然科学学科，而且，它还采信了自然科学的基本预设：物质因果论。从医学的角度看，心理本身并不能独立存在，而且，实验心理学也尽其所能地将自己塑造成一种没有心理的心理学。

但是，调查研究的结果明确地告诉我们，心理神经症的症结就存在于心理因素之中；心理因素是导致神经症病理状态的根本原因，因此，我们必须承认，心理因素是独立存在的，就像我们承认其他致病因素（例如，遗传、体质和细菌感染，等等）是独立存在的一样。一切想用更为基本的物理因素来解释心理因素的尝试，都注定要失败。但若试着用驱力或本能的概念——这个概念是从生物学中借鉴过来的——来界定心理因素，则成功的可能性会增大一些。众所周知，本能是可以观察到的生理冲动，可以追溯到各个腺体的机能，而且，经验表明，本能能够制约或影响心理过程。因此，若想探索心理神经症的具体发病原因，难道还有比从研究那种可以用药物进行干预或治愈的腺体活动紊乱入手，而不是从神秘的“灵魂”概念入手，从而治愈冲动的紊乱更为令人信服的方法吗?事实上，弗洛伊德正是依据这个观点，创立了他的著名理论，根据性冲动的紊乱来解释神经症。阿德勒同样也求助于驱力的概念，根据权力冲动的紊乱来解释神经症。实际上，我们必须承认，与性驱力概念相比，权力冲动这个概念距离生理学更远，更具有心理学的性质。

我们仍不能从科学的意义上很好地给本能下一个定义。本能可以用来描述极其复杂的生物现象，但它所描述的内容却十分模糊，且数量未知。在此，我并不是想对本能概念作批判性讨论。我想考虑的是，有没有这样一种可能性，即心理因素仅仅只是各种本能的结合，而本能又可以还原为腺体的功能。我们甚至还可以讨论这样一种可能性，即一切被称为心理的东西，甚至都被包含在了本能的总体范围内，因此，心理本身便只是一种本能或本能的聚合体，归根结底，它都只不过是腺体的功能而已。这样一来，心理神经症就成了一种腺体的疾病。不过，这种说法至今还没有证据可以证明，而且目前也没有发现哪种腺体分泌物能够治愈神经症。另外，太多的错误教训告诉我们，治疗器质性疾病的药物（organic medicine）是无法治愈神经症的，而心理治疗的方法可以治愈神经症。这些心理学方法颇为有效，起到了我们原本期望腺体分泌物能够起到的效果。因此，到目前为止，就像我们的经验所表明的，如果想要改善或治愈神经症，就不能从不可改变的因素——腺体分泌物——出发，而要从心理活动出发去加以思考，也就是说，必须把心理活动当成一种现实。例如，对患者说一句恰当的解释或安慰的话语，就可能会产生类似于治疗的效果，甚至还可能会影响腺体的分泌。诚然，医生的话语也“只不过”是“空气的振动”，但却是一组与医生特定的心理状态相对应的特定的振动。只有当医生的话语传递了某种意义，或者具有某种重要性的时候，这些话语才会产生治疗的效果。能产生治疗效果的，其实是话语的意义。“意义”（meaning）是一种属于心理或精神领域的东西。如果你愿意，你也可以说它是虚构出来的东西。但是，意义却使得我们能够影响疾病的进程，它通常比化学药物有效得多。我们甚至可以通过它来影响身体中的生物化学过程。不论这种虚构出来的意义是从我们体内自发产生，还是通过人类的言语从外部传递给我们，它都能够让我们生病，或者治愈我们的疾病。虽然我们可以肯定，虚构、幻觉和见解是世界上最难以捉摸、最不真实的东西；但是，在心理领域，甚至在心理生理领域，竟没有什么东西能比它们更为有效。

正是在承认这些事实的基础上，科学才发现了心理，而我们现在为了表示敬意，必定要承认其真实性。事实证明，驱力（或者说本能）是心理活动的前提条件，但与此同时，心理活动似乎也能制约本能。

我说弗洛伊德和阿德勒的理论是以驱力为基础的，这绝不是在指责他们，其唯一的不足在于其片面性。它们所代表的都是那种忽略了心理的心理学，只适合那些自认为没有精神需求或渴望的人。在这个问题上，医生与患者都采取了视而不见的态度。尽管与以往从医学的视角探讨这个问题的取向相比，弗洛伊德和阿德勒的理论更接近于神经症的根源，但是，它们仍然无法满足患者更为深层的精神需求，因为它们只关注驱力。它们仍然囿于 19 世纪的科学假说，而且，过于不证自明了——它们极不重视虚构的和想象的过程。总之，它们没有赋予生活足够的意义。而只有有意义的事物，才能让我们获得自由。

日常的理性、明智的人类判断以及通过总结常识而获得的科学，当然能帮助我们走过人生旅程的一大部分；但是，它们超越不了人类生活的边界，因此，我们只能生活在平凡的事实和平淡无奇的事物之中。毕竟，它们无法为有关精神上的痛苦及其最具深刻意义的问题提供答案。我必须这样理解：一个人之所以患上心理神经症，是因为找不到生活对他而言的意义，从而感到非常痛苦。然而，精神领域的一切创新以及人类心灵的每一个进步，都来源于一种精神痛苦的状态，而导致这种痛苦状态的，是精神的停滞和心理的贫瘠。

认识到了这一事实的医生，才能看到展现在他眼前的这片领域，他战战兢兢地向这一领域靠近。现在，医生必须虚构出一些具有治疗作用的话语传递给患者，帮助他重新找到生活的意义——因为这是患者渴望获得的东西，远远超出了理性和科学所能给予他的一切。患者正在寻找的是一些能够控制住他、能够给他那个患了神经症的混乱头脑赋予意义和形式的东西。

医生担得起这一重任吗？一开始，医生很可能会把患者移交给牧师或哲学家，或者把患者丢弃在那个时代所特有的混乱困惑之中自生自灭。作为医生，他并不一定要有完整的人生观，因为他的职业良心不曾对他提过这样的要求。但是，当他非常清楚地看到了他的患者生病的原因，当他看到他的患者之所以会生病，是因为他的生活里只有性，没有爱，当他看到他的患者之所以没有信仰，是因为不敢在黑暗里摸索，当他发现他的患者之所以失去了希望，是因为世界和生活浇灭了他的幻想，当他发现患者之所以缺乏理解力，是因为他看不到自己的人生有何意义，那么，此时，医生应该怎样做呢？

有很多受过良好教育的患者会断然拒绝去请教牧师。他们甚至更不愿意去咨询哲学家，因为哲学历史的问题他们丝毫不感兴趣，而且，在他们看来，知识的问题似乎比沙漠更为贫瘠。不仅能对生活和世界的意义侃侃而谈，而且真正拥有这种意义的伟人和智者真的存在吗？人类的思维构想不出任何体系或终极真理，从而给患者提供其生存所必需的东西，也就是，信仰、希望、爱和洞见。

信仰、希望、爱和洞见是人类所能达到的四种最高成就，它们是上天恩赐的礼物。既不能教授，也不能学到；既不能给予，也不能索要；既不能压抑，也不能赢取。因为它们来自于经验，是某种被赋予的东西，因而超出了人类的想象。经验是不能制造出来的。它们是自然发生的　不过幸运的是，它们不是完全独立于人的活动之外，而只是相对独立。我们可以慢慢地靠近它们——这其中有很大一部分是我们人类力所能及的。有一些途径可以让我们更接近生活经验，不过我们应该谨慎，不要轻易把这些途径称为“方法”（method）。“方法”一词本身就会产生抑制的效果。而且，通往经验的道路是没有捷径的，确切地说，它是一种需要我们全力以赴的冒险活动。

因此，医生在试图帮他满足对他提出的这些要求时，便遇到了一个看似无解的难题：医生应该怎样帮助患者获得能带来解脱的经验，以使患者获得上述四种恩赐的礼物，并治愈他的疾病呢？当然，我们可以心怀最大的善意，好言劝慰患者去拥有真正的爱、信仰、洞见和希望；我们也可以对他进行温和的训诫，劝他“了解你自己”。但是，在患者获得经验之前，他又怎能获得那些只有经验才能赋予他的东西呢？

扫罗（Saul，即圣保罗信教之前的名字）的皈依，既不是因为真正的爱，也不是因为真正的信仰，更不是因为其他任何真理。而完全是因为他对基督徒的恨，使他踏上了去大马士革（Damascus）的路，正是这个决定性的经验决定了他一生的命运。他之所以获得这样一种经验，是因为他深信他曾经走的是一条完全错误的道路。这就为我们开辟了一条道路，去解决那些我们很难严肃处理的人生问题。同时，这也给心理治疗师提出了一个他和牧师都要面对的问题：善与恶的问题。

事实上，最应该关心精神痛苦这一问题的是神父或牧师，而不是医生。但是在大多数情况下，患者之所以首先去咨询医生，是因为他认为自己的身体生病了，而且，某些神经症症状至少也可以用药物来缓解。但是另一方面，即使患者先去咨询牧师，他也不可能让患者相信他的毛病是心理上的。一般而论，牧师缺乏专业的知识，所以诊断不出导致疾病的心理因素，而且，他的判断也没有任何权威性可言。

然而，有一些人虽然清楚意识到了自己的疾病是心因性的，但却拒不求助于牧师。他们不相信牧师真的能帮助他们。这些人出于同样的原因，也不相信医生。其实，他们不相信医生和牧师也是有一定道理的，毕竟，医生和牧师出现在他们面前时常常都两手空空，甚至更糟糕的是，在说着一些空话。我们不能指望医生会对有关灵魂的终极问题发表任何高见。患者若想获得这样的帮助，应该求助于牧师，而不是医生。但是，新教牧师却常常发现自己面对着几乎不可能完成的任务，因为他不得不处理天主教神父无须面对的一些实际困难。最重要的是，天主教神父背后有天主教会的权威作为靠山，而且，他的经济地位相当稳定、独立。新教牧师则与此相去甚远，他可能已经成家，故而需要担负养家之责，如果他无此能力，也不能指望得到教区的资助或被送进修道院。但是，如果一位天主教神父同时也是一名耶稣会信徒的话，他甚至可以自由地采用现代的心理学学说。譬如，我知道，我本人的著作在还没有任何新教牧师认为值得一读时，罗马的神父们早就已经认真地研读了它们。

我们已处于一个紧要的关头。德国新教教徒的大量流失仅仅只是许多征兆当中的一个，牧师们应该从中看到，仅仅劝导人们要有信念，或者劝诫人们行善，并不能让现代人得到他们所追求的东西。许多牧师从弗洛伊德的性欲理论或阿德勒的权力理论中寻求支持和实践指导，这一事实令人大为吃惊，因为这两种理论都对精神的价值持敌意的态度，就像我前面说过的，它们都是不涉及心理的心理学。它们都是理性的治疗方法，实际上会阻碍人们去领悟经验的意义。到目前为止，绝大部分的心理治疗师都是弗洛伊德或阿德勒的学生。这就意味着，绝大多数患者都必然会远离一种精神的立场——对于一个已经从内心领悟到精神之价值的人来说，这一事实绝非无关紧要。当前，对心理学的兴趣就像一股浪潮席卷了欧洲的新教国家，而且这股浪潮还远远没有退潮的迹象。这与基督教信徒也在大量流失的现象是一致的。在此，我想引用一位新教牧师的话，他说："现在人们都去看心理治疗师，而不去找牧师了。"

我深信，这句话只适用于教育程度相对较高的人，而不适用于广大群众。不过，我们不应该忘记一点，即大约要到 20 年后，普通大众才会开始思考那些受过教育的人今天所思考的问题。例如，当毕希纳（Buchner）的《力与物质》（*Force and Matter*）一书成为德国公共图书馆中最受欢迎的书时，受过良好教育的人们差不多已经将它抛到脑后 20 年之久了。我相信，今天受过良好教育的人们最为感兴趣的心理学问题，明天将会让每一个人都感兴趣。

我想请大家注意下面这些事实。在过去的 30 年中，世界上所有文明国家都有人曾来找我咨询。我治疗过数百位患者，其中大多数是新教教徒，少数是犹太人，而信奉天主教的不过五六个。而在我的患者当中，年逾中年者——也就是说，35 岁以上的患者——

几乎每个人的问题最终都得借助于一种宗教的人生观方能解决。我们可以相当肯定地说，这些人之所以生病，是因为他们失去了每个时代流行的宗教给予其信徒的东西，因此，治疗需要帮助他们重新获得宗教观，否则，就不能真正治愈他们。当然，这与某种特定的信条或教会的成员资格没有什么关联。

这样一来，展现在牧师面前的便是一个巨大的空间了。但是，似乎还没有人注意到这一点。而且，当代的新教牧师看上去好像还没有做好充分的准备，去应对我们这个时代的迫切心理需求。对牧师和心理治疗师来说，现在确实是一个很好的时机，正好可以联合起来去迎接这个伟大的精神任务。

在这里，我还要举一个具体的例子，以说明这一问题与我们每个人的关联是多么密切。大约两年以前，在瑞士的阿劳（Aarau）举行了一次基督教学生会议，大会的领导曾当面问了我这样一个问题：如今，精神痛苦的人是不是更愿意去看医生，而不是找牧师，他们做出这种选择的原因何在？这是一个非常直接而又具体的问题。当时我只知道，我的患者显然是选择了看医生，而不是找牧师，但除了这一事实以外，我别无所知。在我看来，这是否是一种普遍现象，也是值得怀疑的。无论如何，我都没有给出一个确切的答案。于是，我通过我所认识的人，对我所不认识的人展开了一项调查；我设计了一些调查问卷，分发给瑞士、德国和法国的新教教徒以及少数天主教教徒填写。就像下面的概括性总结所表明的，调查结果非常有趣。新教教徒中有57%倾向于看医生，但天主教教徒只有25%；新教教徒中仅8%倾向于求助神祇，而天主教教徒有58%。这些是做出明确选择的人。此外，新教教徒中大约有35%选择了不能确定，而天主教教徒中只有17%。

选择不去教堂咨询牧师的理由，一般是因为牧师缺乏心理学的知识和洞察力，有52%的人是这样回答的。有大约28%的人认为牧师的观点有偏见，而且表现出一种过于教条、传统的成见。奇怪的是，甚至还有一位牧师也决定去看医生，而另一位牧师则恼火地反驳道："神学与给人治病毫无关系。"此外，参与问卷调查的牧师的所有亲属都声称他们反对去咨询牧师。

鉴于这项调查只局限于受过良好教育的人，因此，它就像是风中的一棵稻草，我们不能从中得出普适性的结论。而且我确信，没有受过良好教育的阶层会有不同的反应。不过，我倾向于接受这些结果，认为它们或多或少准确地反映出了受过教育的人的观点，而且大家都知道，受过教育的人对教会或宗教事务越来越漠不关心，这就更加印证了这一点。此外，大家不要忘了我在前面曾提过的那个社会心理学真理：一种普遍的人生观从受过教育的阶层渗透到没有受过教育的群众中，大约需要20年的时间。例如，20年前，甚至10年以前，谁敢预言像西班牙这样一个天主教势力泛滥的欧洲国家，会经历眼下这样一场史无前例的精神变革呢？然而，它却像山洪一样爆发了。

在我看来，随着宗教生活的衰落，神经症的发病率却明显升高了。到目前为止，还没有统计数字来证明实际增长的数量。但是，有一点我非常肯定，那就是，在欧洲的每一个地方，人们的心理状态都显得极度失衡。不可否认，我们今天生活在一个动荡不安、神经紧张、观念混乱、方向迷失的时代。我的患者来自于许多国家，他们都是受过良好教育的人，其中，有相当一部分人之所以来找我，并不是因为他们患上了某种神经症，而是因为他们找不到生活的意义，或者是因为一些就连今天的哲学和宗教都回答不了的问题而倍感痛苦。有一部分患者或许以为我有什么灵丹妙药，但我不得不马上就告诉他们，我也一样解答不了他们的问题。因此，我们必须对这个问题做一些实际的思考。

让我们以一个最为普通、最为常见的问题为例来加以说明：我的生活，或者说一般意义上的生活，究竟意义何在？今天的人们认为，他们太清楚牧师将会怎样回答这个问题——或者，更确切地说，牧师应该怎样回答这个问题。他们一想到哲学家的答案就会忍不住发笑，而且，一般来说，他们对医生也不抱太高的期望。但是，从分析无意识的心理治疗师那里，人们毫无疑问会学到些什么。除了其他东西以外，他们或许可以从自己的心灵深处挖掘出生活的意义，而这种意义只要用钱就可以买到！而任何一个头脑严谨的人，在听到心理治疗师说他们也不知道该说什么时，一定会感到很放心。这样的告解，常常是患者对治疗师产生信任的开始。

我发现，现代人对传统观念和历代相传下来的真理有一种根深蒂固的反感。现代人是认为过去的一切精神标准和形式都已失去了有效性的布尔什维克主义者（Bolshevist），因此，他像布尔什维克主义者在经济领域中所做的一样，也想在精神世界里进行实验。一旦遭遇这种现代的态度，任何一个教会体系，不管是天主教、新教、佛教还是儒教，都会陷入危险之中。在这些现代人当中，当然会有一部分人本性就非常喜欢诽谤他人、极具破坏性，且刚愎自用——一些心理不平衡的怪人——他们在任何地方都永远感到不满，因此他们喜欢一窝蜂地追随各种新潮流，希望至少能有一次只用较低的代价就能弥补自身的不足，但其中大部分都对这些运动和事业产生了不良的影响。不用说，在我的职业生涯中，我也遇到了许多现代的男女，他们当中也有一些病态的伪现代人（pathological pseudo-moderns）。不过，对于这种人，我通常置之不理。我所讨论的那些人绝不是病态的怪人，相反，他们大多是能力出众、勇敢而又正直的人，他们之所以拒绝接受传统的真理，是出于一些正当且得体的理由，而不是因为内心的邪恶。他们每一个人都感觉到，我们的宗教真理不知为何已经变得很空洞。不是他们无法调和科学观念和宗教观念，就是基督教教义已经失去了权威性及其在心理学上的合理性。人们不再认为基督的死可以让他们获得救赎；不管在他们看来拥有信仰的人是多么幸福，他们也无法拥有信仰——他们也无法强迫自己拥有信仰。在他们眼里，罪恶（sin）变成了一种相对的东西：对一个人来说是恶，但对另一个人来说则可能就是善。归根结底，佛祖所说的为什么不能也是正确的呢?

没有人不熟悉这些问题和疑惑。但是，弗洛伊德的分析却认为它们是毫不相干的东西，从而不予理会。弗洛伊德的分析坚持认为，被压抑的性欲才是根本的问题，而哲学或宗教的怀疑都只不过是掩盖事实真相的伪装罢了。如果我们仔细地研究单个病例，确实会发现，在性领域以及一般的无意识冲动领域都存在一些特殊的障碍。弗洛伊德的方法，就是用这些障碍去解释所有的心理障碍；他的兴趣只限于对性症状的因果关系进行解释。他完全忽略了这样一个事实，即在某些病例中，虽然所假定的神经症诱因一直存在，但患者却一直没有发病，一直到意识态度出现紊乱，其神经症才开始发作。这就好像是一艘船因为漏水而开始慢慢下沉时，船员却只对那些涌入的水的化学成分感兴趣。无意识驱力领域出现的障碍并不是最为主要的，而是次要的现象。当意识生活失去了其意义和希望，就好像有一种恐慌倾泻而出，这时我们就能听到一声高喊："该吃吃该喝喝吧，反正明天都要死了!"正是这种因为生活无意义而产生的心境，导致无意识出现了障碍，并激发那些被痛苦地压抑着的冲动爆发了出来。神经症的发病原因既存在于过去，也存在于当下；而且，使神经症保持发作状态的，只有一个一直存在的原因。一个人之所以患上结核病，并不是因为他 20 年前曾感染上了结核杆菌，而是因为感染的病灶一直到今天还是很活跃。至于感染是何时发生、怎样发生的，这些问题与他当前的状况几乎毫无关系。不管对已往病史了解得有多清楚，都无法治愈结核病。神经症的情况也是如此。

正因为如此，我才认为患者带到我面前的宗教问题不仅与神经症有关，而且可能是导致神经症发作的原因。不过，如果我要认真对待这些宗教问题，就必须向患者承认，他的感受是有道理的。“是的，我同意，佛祖与耶稣所讲的可能都对。罪恶只是相对的，而且，我怎么也看不出基督的死是怎样让我们获得救赎的。”作为一名医生，我能够轻易地承认这些疑问，但是，对牧师来说，要做到这一点却不容易。患者会把我的态度看成是一种理解，而牧师的犹豫却让他们觉得那是一种传统的偏见，从而导致他与牧师之间有了隔阂。他会问自己：“如果我开口向牧师详细描述我所遭受的痛苦的性障碍，他会怎么说?”他有充分的理由怀疑，牧师的道德偏见甚至比他的教条主义偏见还要强烈。关于这一点，可以用美国总统柯立芝（Coolidge）的一则有趣轶事来说明，这则轶事叫“沉默寡言的卡尔·柯立芝”。一个礼拜天的上午，他从外面回到家，他的妻子问他刚才去哪里了。“教堂。”柯立芝回答道。“牧师讲了些什么?”“他讲了罪恶。”“他是怎么评论罪恶的?”“他反对罪恶。”

也许有人会提出，医生很容易在这个方面表现出理解。但是，人们却忘了，就算是医生也有道德上的顾虑，有些患者的告解甚至让医生都觉得难以忍受。但是，只有当患者身上最糟糕的东西被接受时，他才会觉得自己被接受了。没有人能够单凭口头几句话就做到这一点；只有通过医生的诚意，以及他对待自己和自己邪恶一面的态度，才能做到这一点。如果医生想给患者提供指导，或者甚至想陪他走一段路，他就必须接触这个人的心理生活。医生在做诊断时，是无论如何都触及不到另一个人的心理生活的。不论他是用语言表达他的诊断，还是把诊断结果放在心里，都一样。如果医生采取相反的态度，随随便便地就赞同患者的意见，那也是没有用的；这和谴责一样，也会让患者与医生疏远。我们只能通过一种毫无偏见的客观态度去接触另一个人。这听起来可能像是一个科学准则，而且，可能会与一种纯粹理智的、超然物外的态度混为一谈。但是，我想表达的是一种与此截然不同的东西。它是人类的一种品质，一种对事实、事件以及这些事实和事件的当事人的深切尊重，一种对此样人生之秘密的尊重。真正笃信宗教的人采取的就是这种态度。他知道，是上帝让各种千奇百怪、不可思议的事情发生的，他还试图以最为奇特的方式进入人的内心。因此，他在万事万物中都能感觉到神之意志的无形存在。这便是我所说的“毫无偏见的客观态度”（unprejudiced objectivity）。它是医生身上的一种道德修养，医生不应该反感疾病和堕落。只有先接纳一件事物，我们才能去改变它。谴责并不能带来释放，而只能造成压抑。在我所谴责的人看来，我是一个压迫者，而不是朋友或难友。我绝不是说，我们永远都不能对我们想帮助和改善的人下断言，而是说，如果一名医生想要帮助患者，那他就必须接受患者原本的样子。事实上，只有当他了解并接受了患者原本的样子时，他才能真正地给患者帮助。

这听起来或许非常简单，但是，简单的事情往往最难做。在实际生活中，想要过得简单，必须先经过最为严格的磨炼。接纳自己是道德问题的本质，也是整个人生观的缩影。我为饥饿的人提供食物，我原谅他人对自己的侮辱，我以基督之名去爱我的敌人，所有这一切毫无疑问都是了不起的美德。我怎么待人，就怎么对待基督。但是如果我在自己的内心深处发现了所有人当中的最卑微者、所有乞丐中的最贫穷者、所有冒犯他人之人中的最无礼者，以及那个必须去爱的敌人，那该怎么办呢？通常情况下，基督徒的态度此时会发生逆转，不再有关于爱或长期忍受的问题，我们会对自己内心的那位同胞说“你一文不值”，而且，我们会谴责自己，并对我们自己勃然大怒。我们会把这位同胞隐藏起来，不让世人知道，我们拒绝承认自己就是那个遇到过的所有人当中最为差劲的。哪怕是上帝以这种可鄙的样貌出现在我们面前，我们肯定在雄鸡报晓之前也已经否定他一千次了。

医生如果运用现代心理学去检视患者生活背后的东西，尤其是他自己生活背后的东西——现代心理治疗师如果不想在无意识中成为一个骗子的话，则必须这样做——他将会承认，接受自己的弱点是一项最为困难的任务，甚至可以说是一项几乎不可能完成的任务。只要一想到这项任务，我们就会吓得面色苍白。因此，我们毫不犹豫、轻轻松松地选择了一条更为复杂的道路，即对自己始终一无所知，而同时又忙着管别人及其麻烦和罪恶。这一举动给我们增添了美德的光彩，我们就这样欺骗着自己和周围的人。谢天谢地，这样一来，我们就能逃避自己了。很多人都可以这样做而不受惩罚，但并非每个人都可以，有少数人在去往大马士革的路上崩溃了，神经症压垮了他们。如果我自己也是一个逃避者，也在遭受癫痫（*morbus sacer*）似的神经症的折磨，我又怎么能去帮助这些人呢？只有完全接受了自己的人，才会有“毫无偏见的客观态度”。但是，没有哪个人有充分的理由吹嘘，他已经完全接受了自己。我们可以说基督做到了，他把自己内心的传统偏见作为祭品献给了上帝，于是，他无视传统，不顾法利赛人的道德标准，就这样痛苦地度过了一生。

我们新教教徒迟早都要面对这样一个问题：我们对“效仿基督”（imitation of Christ）的理解，是应该照搬他的生活，模仿他在身上钉出伤痕（如果我可以这样说的话），还是在更深层次的意义上，像他一样真实地过适合我们的生活呢？要像基督那样来生活，绝非易事，而要像基督那样真实地度过自己的一生，则难上加难。凡是想像基督那样真实地过自己生活的人，都会遇到过去力量的阻抗，尽管他或她可能不虚此生，但却免不了会像基督一样被误解、被嘲笑、被折磨，被钉在十字架上处死。所以，我们更倾向于以历史所认可的方式模仿基督在神圣的光环之下被美化了的言行。我绝不会去打扰一个自比基督的修道士，因为他值得我们尊重。但是，我和我的患者都不是修道士，作为一名医生，我有责任告诉患者应该怎样生活才不会患上神经症。神经症是一种内心的分裂，一种自己和自己在内心交战的状态。每一样能够加重这种分裂的事物，都会使患者的神经症症状恶化，而每一样能够缓解这种分裂的事物，都有助于治愈患者。导致人们与自己开战的是这样一种直觉或认识，即他们觉得自己体内住着两个彼此对抗的人。这种对抗可能表现为肉体和精神之间的冲突，也可能表现为自我与阴影之间的冲突。浮士德所说的“天啊，我的心里竟然居住着两个独立的灵魂”，就是这个意思。神经症就是一种人格的分裂。

我们可以把治愈（healing）称作一个宗教问题。在社会和国家的层面，苦难的状态可能是内战，要想治愈这种状态，则必须效仿基督的美德，宽恕那些痛恨我们的人。在应对外部情境时，我们带着善良基督徒的信念，尝试做了一些事情，在治疗神经症患者的内心状态时，我们也必须要带着这种信念。这就是现代人听够了犯罪和罪恶的原因所在。自身的内疚感已经够让他们痛苦了，他们宁可知道怎样才能顺从自己的天性，怎样去爱自己内心的那个敌人，怎样把那只狼当成自己的兄弟。

此外，现代人并不急于知道他能够用什么方式来效仿基督，而只想知道他能够用什么方式来过他自己的生活，不管他们的生活是多么枯燥无味，都是如此。这是因为在他们看来，每一种效仿的形式都似乎缺乏生气、没有活力，所以，他们要反抗将他们束缚在他人常走之路上的传统力量。在他们看来，他人经常走的所有这些老路都是歧途。他自己可能都没有意识到，但他的一言一行看起来就好像他的个人生活受到了上帝意志的鼓舞，他必须不惜一切代价去实现它。这就是他的自我中心主义的根源，而自我中心主义是神经症状态中最为明显的邪恶之一。但是，如果有人说他过于以自我为中心，那么，那个人已经对他失去了信心，这是有道理的，因为这样一来，那个人会让他陷入更为严重的神经症状态。

如果我想治愈我的患者，我就必须承认，他们的自我中心主义具有深刻的意义。事实上，如果我看不出这其中包含着真正的上帝的意志，那我就太盲目无知了。我甚至必须助长患者的自我中心主义；如果他能成功地做到这一点，那他便让自己疏离了其他人。他把他们赶走，他们便能醒悟过来——本就应该如此，因为他们一直试图剥夺他那“神圣的”自我中心主义。他必须拥有这种自我中心主义，因为这是他最为强大、最为健康的力量；正如我前面所说的，这是真正的上帝意志，只不过有时候会让他陷入完全孤立的境地。不管这种状态有多悲惨，对他来说都是有益的，因为只有通过这种方式，他才能够拥有自己的衡量标准，并认识到对同胞的爱是一种多么无价的财富。而且，只有在被彻底抛弃和孤独的状态下，我们才能体验到自己本性中那些有益的力量。

当我们多次目睹这样一种发展的始末，就再也不能否认，原本邪恶的事情已经变成了善，而看似善良的东西却拥有了邪恶的力量。自我中心主义的头号恶魔引导我们走上了一条通往宗教经验所要求的那种收获（ingathering）的坦途。我们在这里所观察到的，是一条根本的生活法则——物极必反（*enantiodromia*）——也就是向对立面转化；正是依据这条法则，互相冲突的两种人格才有可能得以重新统一，从而结束这场内战。

我之所以拿神经症患者的自我中心主义为例，是因为这是他身上最为常见的一种症状。我同样也可以用神经症患者的其他典型症状，来说明医生应该采取什么样的态度来面对患者的缺点，以及在面对患者的邪恶问题时，他又该如何处理。

毫无疑问，这听上去也非常简单。但实际上，接受人性的阴暗面，却几乎可以说是一件不可能完成的事情。试想，承认那些非理性的、无意义的、邪恶的东西拥有存在的权利，将意味着什么！然而，这一点却恰恰是现代人所坚持的。他们想接受自己的每一面——想认识自己是谁。因此，他们将历史抛到一边，置之不理。他们想与传统决裂，这样他们就可以拿自己的生活做试验，以确定除了传统的预设之外，事物本身还具有什么样的价值和意义。现代的年轻人正是持这种态度的令人吃惊的例子。为了说明这种倾向有多强烈，我将列举某德国社团向我提出的问题。他们问我：乱伦的行为是否应该受到谴责？可以举出哪些事实作为反对乱伦的理由？

如果我们认可这些倾向，那么不难想象，人们将可能陷入各种冲突之中。我完全能够理解，为了保护自己的同胞不冒这样的险，人们愿意尝试一切手段。但奇怪的是，我们却发现自己找不到任何手段来做到这一点。曾经那么多管用的反对非理性、自我欺骗和不道德的理由，现在都失去了其效力。现在，我们正在品尝 19 世纪的教育所酿成的苦果。在整个 19 世纪，教会拼命地向年轻人宣讲盲目信仰的好处，而大学给学生灌输的却是知识理性，结果，到了今天，不论我们诉诸信仰还是理性，都必定徒劳无功。现代人已经厌倦了这种观念的论战，他们希望能够亲自去弄清楚事物的本来面目。虽然这种欲望可能会带来极为危险的后果，但我们却不得不把它看成一项勇敢的事业，并给予它某种程度的同情。这绝非不顾后果的冒险，而是在深切的精神痛苦的激励之下所做的一种努力，它的目的是要在不带偏见的新经验的基础之上，给生活赋予新的意义。毫无疑问，我们应该谨慎，但是，对于这样一种需要全力以赴的重大冒险活动，我们不能不支持。如果我们反对它，那就等于在试图压抑人们身上最美好的东西——勇气与抱负。如果我们成功地反对了它，那就等于阻碍了那些有可能赋予生活意义的宝贵经验。如果保罗听从他人的劝阻而放弃了去大马士革的旅程，那结果将会怎样呢？

每一位认真对待工作的心理治疗师，都必须认真思考这个问题。在接待每一个个案时，他都必须确定，他是否愿意通过咨询支持一个人，帮助他去进行一次勇敢的、有可能会带来不幸的冒险。他不能有固定的是非观念，也不应该装作知道什么是对、什么是错——否则，他就会降低这种经验的丰富性。他必须密切关注实际发生的事情——只有发生的事情，才是实际的。如果某件事物在我看来是错误的，但却表现得比真理更为有效，那么，我必须先选取这一看似错误的事物，因为这个看似错误的事物具有力量和生命力，而如果我选择了那个看似真理的事物，就会失去这种力量和生命力。光明需要黑暗，不然，它怎么能表现为光明呢？

众所周知，弗洛伊德的精神分析仅限于使我们意识到自己内心的阴暗面和邪恶。它仅仅只是引发了一场潜伏的内战，然后就置之不顾了。患者必须竭尽全力去应付这场内战。可惜的是，弗洛伊德忽视了这样一个事实，即人类从来都不能单枪匹马地去和黑暗的力量——也就是，无意识的力量——相对抗。人始终需要精神的帮助，而提供这种帮助的是每个人自己所信仰的宗教。打开无意识的大门，永远都意味着强烈的精神痛苦的爆发；这就好像是繁荣的文明遭受了大批野蛮人的肆虐，又好像是阡陌良田饱受大堤决口后凶猛洪水的肆虐。世界大战就是这样的一种爆发，它再清楚不过地表明，那面隔开秩序良好之世界与潜伏着混乱之世界的墙是多么的薄。但是，不论是对理性有序的世界，还是对每一个单个的个体来说，情况都是如此。他的理性侵犯了自然的力量，这些力量便伺机报复，只等着那面墙倒塌的时刻，它们便去摧毁意识生活。从远古时代起，甚至在最为原始的文化中，人们就已经意识到了这种危险。人类发展出宗教和巫术，就是为了武装自己以对抗这种威胁，并治愈已经造成的创伤。这就是巫医也是牧师的原因所在；他既是肉体的拯救者，也是灵魂的拯救者，而宗教则是一个治愈心理疾病的系统。人类最伟大的两大宗教——基督教和佛教，尤其如此。深陷痛苦之中的人，从来都不能因自己所想出的东西而摆脱痛苦，他只能从一种比他更为睿智的智慧中获得启示。唯有如此，他才能脱离苦海。

如今，这种破坏性力量已经出现，人们因此而遭受精神上的痛苦。正因为如此，患者们才迫使心理治疗师扮演起了牧师的角色，期望并要求治疗师帮助他们摆脱痛苦。因此，我们的心理治疗师不得不去忙着思考一些严格来讲属于神学的问题。但是，我们不能把这些问题留给神学家来回答；那些痛苦之人迫切的心理需要让我们日复一日地面对着这些问题。既然一般来讲，过去流传下来的每一个概念、每一种观点都会让我们失望，那么，我们首先就必须和患者一起踏上追溯其疾病根源的道路——这是一条他走过的错误道路，使他的内心冲突更为尖锐，孤独感也更加强烈了，直至最终他再也忍受不了——希望从孕育着破坏性力量的心灵深处亦能找到救赎的力量。

在我第一次尝试这样做的时候，我并不知道结果会怎样。我不知道心灵深处隐藏着什么东西——一直以来，我都把心灵深处这个领域称为“集体无意识”，而把它的内容称为“原型”（archetypes）。从远古时代起，无意识的爆发就出现了，它们一次又一次地爆发。意识并非从一开始就存在，而是在出生后的头几年，慢慢地在每个儿童身上建立。在这个形成时期，意识是非常薄弱的，而且历史告诉我们，对整个人类而言也是这样——无意识很容易便占据上风。这些斗争往往会留下它们的印记。用科学的术语来表达便是：本能的防御机制（instinctive defence-mechanisms）形成了，当遇到大的危险时，它就会自动进行干预，它们常常通过幻想中那些有益的意象来发挥作用（这些意象根深蒂固地存在于人类心理之中）。一旦有需要，这些防御机制就会行动起来。科学只能确定这些心理因素的存在，并尝试通过提出一种有关其根源的假说来做出合理的解释。然而，这样做只是把问题往后推了一个阶段，根本就没有解开这个谜团。这样一来，摆在我们面前的就是一些终极问题了：意识是什么时候出现的？心理是何物？对于这些问题，一切科学都束手无策。

这就好像是当病人膏肓之时，破坏性的力量就变成了治愈的力量。其原因在于下面这样一个事实，即原型开始过上了独立的生活，并且成了人格的精神向导，从而取代了那个不适当的自我及其徒劳的意志和努力。就像一个有宗教信仰的人会说的：是上帝的指导。在面对我的大多数患者时，我必须避免使用这种说法，因为这会让他们想起太多他们不得不摒弃的东西。我必须用更谦虚的话来表达我的意思，必须说心理觉醒了，能够自发地生活了。实际上，这种说法也更符合我们所观察到的事实。当梦或幻想中出现的一些主题是那些平时在意识状态下无法看出其根源的主题时，转化便发生了。对患者来说，这不亚于一种启示，此时，某种东西从心灵的深处萌生，并出现在了他的面前——这是一种不属于“我”的陌生的东西，因此，它超出了个人想象力所及的范围。他找到了通往心理生活源头的路，而这标志着治愈的开始。

毫无疑问，要想清楚地说明这一过程，我们应该在讨论时使用一些恰当的例子。但是，我们几乎不可能找到一个或更多令人信服的例子，因为这通常是一件极其微妙而又复杂的事情。那种非常有效的东西，往往只是梦在独立地解决患者的困难时，给患者留下的一种深刻印象。或者可能是患者的幻想指向了他的意识心理还没有任何准备的某件事情。幻想的内容通常具有原型的性质，以一种特定方式组合在一起，会对它们自己产生强烈的影响，而不论意识心理能否理解它们。心理的这种自发活动往往非常强烈，以至于人们能看到幻想中的画面，或者听到内心的声音。这些都是人们可以直接经验到的精神的表现，而且，从古至今一直如此。

这些经验算是给遭受曲折痛苦的受难者的回报。从这一刻起，一束阳光照了进来，厘清了他的混乱；他终于能够平息内心的战争，并因此在一个更高的层次上弥合了他天性中的病态分裂。

现代心理治疗的根本问题非常重要，且意义深远，因此，只用一个章节的篇幅是不可能对它做详细描述的，但是若要阐述清楚，却又非常需要这些细节。因此，我的主要目的在于，阐明心理治疗师在工作中应该持有的态度。毕竟，恰当地理解这一点，比精选几个治疗方案或者几个有关治疗方法的建议更有意义，因为如果不能正确理解这些内容，对它们的应用就无论如何也不会有效果。心理治疗师的态度远比心理治疗的理论和方法更为重要，所以，我才一直想向大家展示这种态度。我相信，我的阐述是值得信赖的。而至于牧师能够以什么方式、在多大程度上跟心理治疗师一起努力，我也只能提供一些信息，留待其他人来决定。我也相信，我所描绘的有关现代人之精神面貌的图景与实际状况相一致——当然，我不敢说自己无懈可击。无论如何，有关神经症的治愈以及相关问题我不得不说的东西，其实是朴素的真理。在努力地想治愈心理疾患的过程中，我们医生自然希望得到牧师的同情和理解，但我们也完全意识到了那些阻碍充分合作的根本困难。我个人的立场是站在左的新教观点这一边，但我会第一个跳出来警告大家，千万不要凭借自己的经验而轻率地得出一般性的结论。作为一个瑞士人，我是一个坚定的民主主义者，不过我也认识到，我的天性中有贵族气派，甚至有些神秘莫测。朱庇特可为之事，公牛不可为。（*Quod licet Jovi, non licet bovi.*）这是一条令人不快但却永恒的真理。犯过诸多罪孽的人，谁会获得宽恕？是那些博爱的人。而那些不爱别人的人，虽然犯下的罪孽很少，却会因此而受到谴责。我深信，一大批人之所以投入天主教会（而不是别的宗教）的怀抱，是因为他们能在那里得其所望。我也同样对这样一个事实深信不疑（我自己曾亲眼观察到过这个事实），即原始宗教比基督教更适合原始人，因为基督教对他们来说很难理解，与他们的血统不能相容，以至于他们只能以一种令人反感的方式加以模仿。我还相信，一定有新教教徒反对天主教会，也一定有新教教徒反对新教教义，因为精神的表现形式非常奇妙，就像上帝创造的天地万物一样五花八门。

活的精神会不断地成长，甚至会超越它之前的表现形式；它自主地选择待在谁的身上、让谁把它表达出来。在整个人类历史中，活的精神永远都在不断地更新着，以多种多样、超乎想象的方式追求着自己的目标。相形之下，人类赋予它的名字和形式是多么的微不足道，它们只是永恒之树上不断变化的叶子和花朵罢了。

图书在版编目（CIP）数据

寻找灵魂的现代人/（瑞士）卡尔·荣格（Carl Gustav Jung）著；方红译. —北京：中国人民大学出版社，2017.9
（西方心理学大师经典译丛/郭本禹主编）
ISBN 978-7-300-24517-1

Ⅰ.①寻… Ⅱ.①卡…②方… Ⅲ.①荣格（Jung，Carl Gustav 1875—1961）-精神分析-思想评论 Ⅳ.①B84-065

中国版本图书馆 CIP 数据核字（2017）第 123489 号

西方心理学大师经典译丛
主编　郭本禹
寻找灵魂的现代人
[瑞士] 卡尔·荣格　著
方　红　译
Xunzhao Linghun de Xiandairen

出版发行	中国人民大学出版社		
社　　址	北京中关村大街 31 号	**邮政编码**	100080
电　　话	010－62511242（总编室）		010－62511770（质管部）
	010－82501766（邮购部）		010－62514148（门市部）
	010－62515195（发行公司）		010－62515275（盗版举报）
网　　址	http://www.crup.com.cn		
经　　销	新华书店		
印　　刷	唐山玺诚印务有限公司		
开　　本	720 mm×1000 mm　1/16	**版　　次**	2017 年 9 月第 1 版
印　　张	15.75 插页 1	**印　　次**	2024 年 6 月第 5 次印刷
字　　数	183 000	**定　　价**	79.00 元